你不知道的超有趣問答

知識盲裝會指南

知識盲也能快速上手，把假懂變真懂，
讓你在人前裝會的百題問答基礎指南！

知識盲裝會指南：你不知道的超有趣問答

編著　韋品哲
責任編輯　許安遙
內文排版　王國卿
封面設計　姚恩涵

出版者　培育文化事業有限公司
信箱　yungjiuh@ms45.hinet.net
地址　新北市汐止區大同路3段194號9樓之1
電話　（02）8647-3663
傳真　（02）8674-3660
劃撥帳號　18669219
CVS代理　美璟文化有限公司
TEL／(02)27239968
FAX／(02)27239668

總經銷：永續圖書有限公司
永續圖書線上購物網
www.foreverbooks.com.tw

法律顧問　方圓法律事務所　涂成樞律師
出版日期　2017年10月

國家圖書館出版品預行編目資料

知識盲裝會指南：你不知道的超有趣問答/
韋品哲編著. -- 初版. -- 新北市 : 培育文化,
民106.10　面 ;　公分. -- (萬識通 ; 01)
ISBN 978-986-5862-98-5(平裝)
1. 科學　　2.問題集
302.2　　106014128

前言

朋友家人聚會，趣味十足的遊戲題目信手拈來。

知識競賽類型的節目如雨後春筍地出現，且受到大家的歡迎和喜愛，只因爲知識競賽的適切性，可以出現在任何合，如：家庭聚會時，出些題目讓家人們玩玩大考驗；團體活動時，不同部門之間來場專業知識以外的較量；課外活動時，用來豐富學生的課餘生活。知識競賽是對基本常識的大考核，想在競賽中獲得好成績得先豐富自己的學問。

那麼該如何豐富自己呢？現代人生活越來越忙，與其抱著一本百科全書埋頭苦讀，人們更希望以輕鬆愉悅的心情吸收五花八門的知識，開拓視野。

本書正是這樣一本能讓讀者在輕鬆愉悅的氛圍中獲得各類知識的書。書中搜羅了生活常識、科學知識、歷史文化、文學藝術、自然科學等諸多知識，將娛樂與學習巧妙結合。

簡單又輕鬆的除盲手冊，讓你在無壓力的愉悅氣氛下，享受無窮無盡的趣味生活。

PART 1 羅助教的生活課

PART 2 董教授的學分課

PART 3 郝博士的博學課

Part 1
羅助教的生活課

塑膠在自然界可停留多久？

鎢是最耐熱的化學元素嗎？

蜂蜜不宜在下面哪種容器中存放？

哪種植物最適合放在室內用來淨化空氣？

牛奶會增加血液內膽固醇含量嗎？

多瞭解這方面的知識，日常生活的

輕鬆、愜意將與你永相隨。

Q 01. 中國畫簡稱國畫。

對

中國畫是中國傳統繪畫的主要種類。

中國畫在古代無確定名稱，一般稱之為丹青，主要指的是畫在絹紙上並加以裝裱的卷軸畫。

近代以來，為區別於西方輸入的油畫（又稱西洋畫）等外國繪畫，而稱之為中國畫，簡稱「國畫」。

Q 02. 飛機飛行時沒有交通規則。

錯

飛機飛行時也需遵守一定的交通規則。

Q 03. MP3是一種音訊壓縮格式的縮寫。

羅助教愛學習

對

MP3是一種數位音訊壓縮格式，全稱是Moving Picture Experts Group Audio Layer 3簡稱爲MPEG Audio Layer3。由於這個格式使用廣泛，就進一步簡稱爲MP3。

所謂「MPEG」是一種影像壓縮技術的標準，其中應用在壓縮音訊的部份，就是對音樂CD使用了對音質有損耗的壓縮方式，以達到縮小檔案的目的，來滿足複製、儲存、傳輸的需要。

Q 04. 普立茲獎是新聞、文化方面的大獎。

對

普立茲獎分爲新聞和創作兩類，是美國所創立的獎項。新聞獎得主可以是任何國籍，但是獲獎條件是該新聞必須在美國報紙中發表，創作獎得主必須是美國公民。

唯一例外是歷史獎，只要是關於美國歷史的書都可獲獎，作者也不必具有美國國籍。

Q 05. 維生素B群是水溶性維生素。

對

維生素B群爲水溶性維生素，很容易隨水份排出體外，因此不容易儲存於體內，同時遇光、熱、氧氣也很容易遭破壞。

維生素B群對腦內蛋白質代謝很有幫助，對維持記憶力更有顯著療效，尤其受到學生與上班族的重視。

Q 06. 保溫瓶可以使熱牛奶保鮮。

錯

熱牛奶貯存在保溫瓶裡，隨著時間延長，熱牛奶的溫度會下降，細菌在溫度適宜時便會大量繁殖，使牛奶酸敗變質。因此，煮好的牛奶宜在稍冷後立即飲用，不宜保溫久藏。

Q 07. 清晨人們應該多到樹林中做深呼吸，因為這些地方的空氣較好。

植物在白天時光合作用的確大於呼吸作用，而當夕陽西下時，光合作用就會減弱並逐漸停止，於是整個夜晚植物都是行呼吸作用，也就是從空氣中吸收氧氣放出二氧化碳。

直到清晨時分，光照較弱，溫度較低，光合作用十分微小，植物此時還不能及時釋放出氧氣，經過整個夜間的累積，樹林或花草叢中二氧化碳濃度反而較大，在這樣的環境中做深呼吸，就會吸入大量的二氧化碳，對身體產生不良影響。

Q 08. 通常情況下，人們所說的血壓是指動脈血壓。

血壓是指血管內流動的血液施加於單位面積血管壁的側壓力。而動脈管內流動的血液施加在單位面積動脈管壁的側壓力，就稱爲動脈血壓。

另外尚有毛細血管血壓及靜脈血壓之分。通常我們所說的血壓是指動脈血壓。

09. 起床後馬上疊被子是我們應該養成的良好習慣。

據專家測定，人從汗液中蒸發出的化學物質比從呼吸道中排出的化學物質多。

如果起床後立即疊被子，被子裡所含的水分和氣體就散發不出去，這樣不僅會使被子受潮，而且還會因爲化學物質的污染，產生難聞的氣味，減少被子的使用壽命，並且對身體健康也是有害的。

10. 喝牛奶時配上橘子之類的水果有利於蛋白質的消化和吸收。

牛奶進入胃和十二指腸之後，其中的蛋白質會和胃蛋白酶與胰蛋白酶結合，然後進入小腸。

如果此時吃下橘子，可能導致牛奶中的蛋白質和果酸以及維生素C凝固成塊狀，反而影響了消化和吸收。二者同時食用後的主要症狀有腹脹、腹痛、腹瀉等症狀。所以飲用牛奶時最好不要吃橘子。

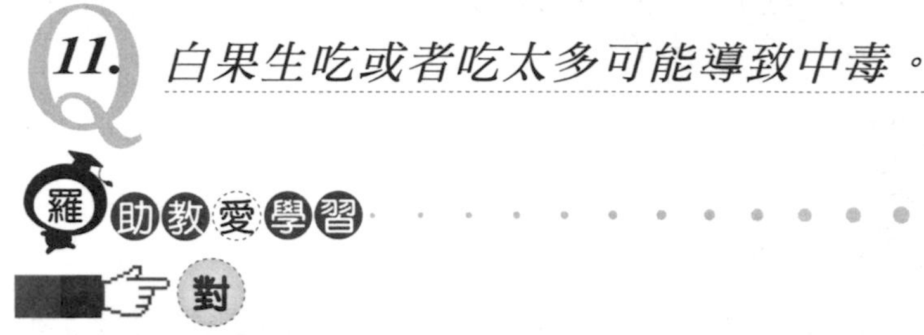

銀杏俗稱白果，它由肉質外種皮、骨質中種皮、膜質內種皮、種仁組成。煮熟食用有祛痰、止咳、潤肺等功效，但大量進食可引起中毒。

白果內含有氫氰酸毒素，毒性很強，遇熱後毒性減小，故生食更易中毒。一般中毒劑量爲10～50顆，中毒症狀發生在進食白果後1～12小時。爲預防白果中毒不宜多吃，更不宜生吃。

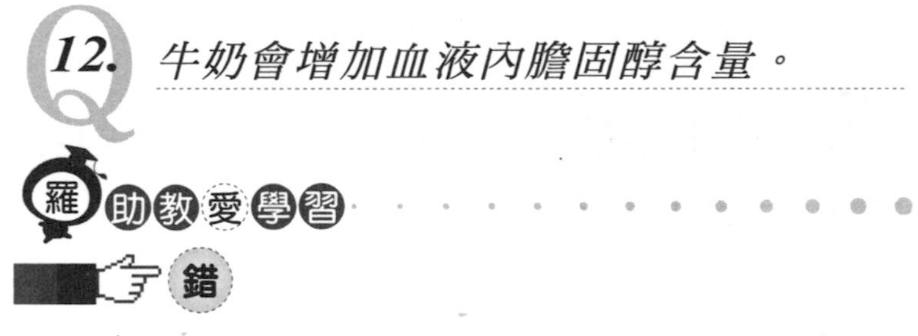

血液中膽固醇的來源有兩個，一部分是由飲食中攝取，一部分是由肝臟所製造。

一般而言，肝臟所製造的膽固醇比食物中所攝取的還多，但是如果飲食中攝取了太多的膽固醇，則會導致血液中的膽固醇值飆高。

美國食品藥物管理局（FDA）在每日營養攝取量中建議，每人每天的膽固醇攝取量應限制在300毫克以下。鮮乳中只含了少量的膽固醇，據研究指出每日飲用400毫升的鮮乳並不會引起血液膽固醇上升。

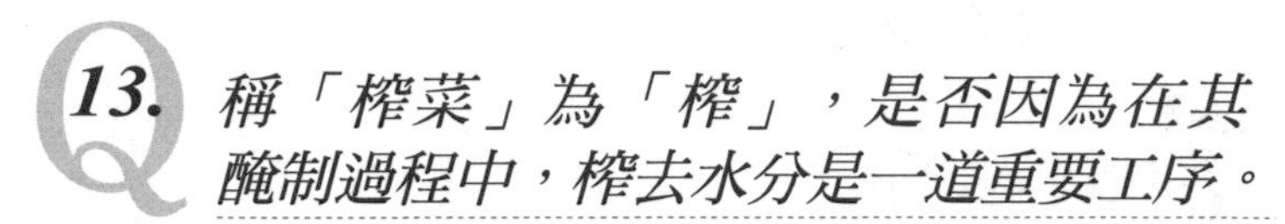

Q 13. *稱「榨菜」為「榨」，是否因為在其醃制過程中，榨去水分是一道重要工序。*

對

榨菜的原料是芥菜的肥嫩瘤狀菜頭。新鮮的芥菜頭也可做小菜，搭配肉絲炒熟或做成湯品，但更經常以醃製型態出現。芥菜頭經鹽醃漬後壓榨，除去一部分水分，即爲榨菜。

Q 14. *烏龍茶為一種半發酵茶，是各類茶中加工方法最為精巧的一種，台灣是烏龍茶產量最高的地方。*

對

烏龍茶，也稱半發酵茶，以本茶的創始人而得名。烏龍茶的特點是回味悠長，耐沖泡，具有解脂肪、助消化之功效，被譽爲健美減肥的佳品。主要的產地在台灣、福建、廣州等地。

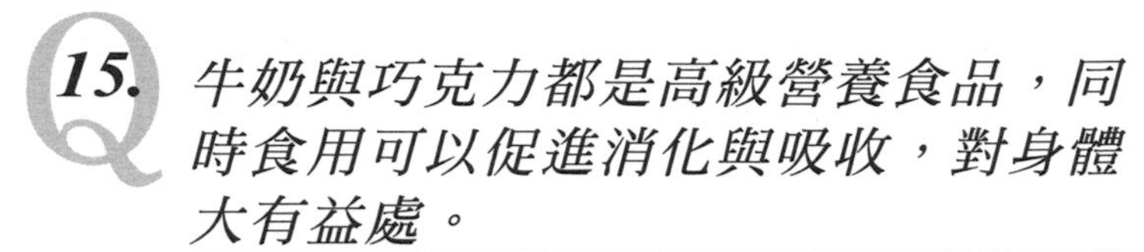

Q15. 牛奶與巧克力都是高級營養食品，同時食用可以促進消化與吸收，對身體大有益處。

牛奶富含蛋白質與鈣質。巧克力曾被譽爲能源食品，但是含有草酸。如果二者同時食用，則牛奶中的鈣和巧克力中的草酸就會結合成草酸鈣，影響消化和吸收。

長期同時食用，可導致頭髮乾枯和腹瀉，並且出現缺鈣與生長發育遲緩等現象。所以牛奶和巧克力，不宜同時食用，但是間隔食用就無妨。

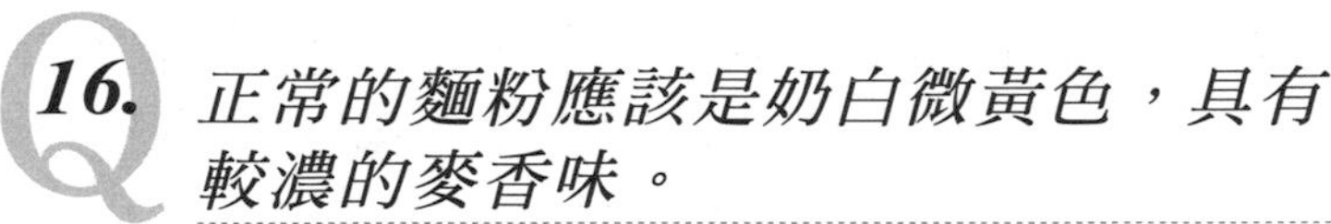

Q16. 正常的麵粉應該是奶白微黃色，具有較濃的麥香味。

正常的麵粉具有麥香味。若一解開麵粉袋就有一股

漂白劑的味道，就表示添加了過量的增白劑。

若有一股異味或黴味，表示麵粉超過保存期限或遭到外部環境污染，已經酸敗或變質。

17. 麵粉越白品質越好，營養價值越高。

錯

從營養學角度來說，麵粉中最好不要添加增白劑，越白的麵粉因加工度越高，麵粉中的營養元素損失就會越多，營養價值也會相對降低。

而植物纖維素、維生素含量較高的麵粉，色澤往往偏黃，所以不應該把麵粉的顏色作為評價麵粉品質的標準。

18. 真正「生啤酒」的銷售時間不得超過48小時。

應該是24小時。

19. 手腳碰傷紅腫有淤血，常常採用熱敷的辦法以加快血液循環，促使淤血被吸收。所以眼睛紅腫，也可以用熱敷來加快痊癒。

錯

眼睛紅腫時不能熱敷，因爲這樣往往會適得其反，嚴重時甚至會使眼睛失明。

假如僅是輕度外傷，眼球內僅少許毛細血管破裂，出血很少，通常不需要治療淤血也可自行被吸收，不久便可痊癒。在眼上熱敷，就會促使眼部血管擴張，血液循環加速，形成再次大出血堵塞角膜，致使眼壓增高，繼而引發青光眼。輕者會頭痛和噁心嘔吐，嚴重者可能會使患部失明。

20. 看電視比較合適的距離是螢光幕對角線的4～6倍。

人的位置距離電視機愈近，所受的刺激愈大，也就愈容易造成眼睛疲勞。所以電視機的安放位置，應以適

合眼睛的生理要求為原則。

最佳位置是距離電視機2.5～8公尺遠，並且電視高度要略低於眼睛直視水平線。

21. 鎢是最耐熱的化學元素。

塊狀鎢為銀白色或錫白色立方結構的金屬，其熔點是3410℃，沸點為5660℃，密度19.35克/公分。鎢含有許多熱強合金，是最難熔的金屬之一。

22. 油菜子、大豆、花生、葵花子及棉子是五大油料作物。

油是經濟作物。它種類很多，而且種植歷史悠久。目前有五大油料作物，即油菜子、大豆、花生、葵花子和棉子。

Q23. 石油埋藏得愈深油質愈好，愈能煉出優質汽油。

錯

石油的性質因產地而異，密度爲0.8～1.0克/立方公分，黏度範圍很寬，凝固點差別很大（30℃～-60℃），沸點範圍爲常溫到500℃以上，可溶於多種有機溶劑，不溶於水，但可與水形成乳狀。

Q24. 古羅馬競技場裡同時囚禁著奴隸和猛獸。

羅馬競技場，是羅馬最宏偉的古建築之一，也是世界七大建築奇蹟之一。羅馬競技場始建於西元75年，動用了8萬名戰俘，修建達10年之久。建築高52公尺，爲一座露天的圓形大理石建築。幾百年前，競技場因地震而部分倒塌。至今競技場內仍可看到囚禁奴隸和猛獸的地窖。

25. 每個泰國男子都必須出家一次，出家的時間可長可短。

對

在泰國，男子一輩子必須出家一次，兒童只需三天或七天，也可在佛寺讀書；青年人一般爲三個月時間，但也有一兩個星期的。不願還俗的人，也可終身爲僧。

01. 在辦公室時儘量不要用：

A. 金屬杯　　　　　B. 紙杯

在簡單生活和理性消費的原則下，我們應該隨手做到：購物用環保袋，儘量不用塑膠袋；喝水儘量不用免洗紙杯；用餐儘量不用免洗筷；能走路儘量不坐車；回收可利用的舊物品；原子筆用完以後只要更換新筆芯就可以使用；影印紙兩面都用過才回收。

02. 用餐時，使用下列哪種餐具對人體更健康：

A. 金屬餐具　　　　　B. 素色陶瓷餐具

鋁製餐具可能造成鋁在人體中累積過多，造成加快衰老的作用，且對記憶力也有不良影響。鐵製餐具的毒性雖然不大，但切忌使用生銹的鐵製餐具。銅製餐具的毒性也不大，正常人每天要補充5毫克銅以滿足人體需要，可是如果含銅量高，則會引起低血壓、吐血、黃疸、精神失常甚至導致肝臟部分壞死。不銹鋼餐具帶有微毒性，不銹鋼中的鎳、鈦等對人體有害。陶瓷餐具在餐具中毒性相對最小。

03. 衣服洗淨後，最節能的乾衣方法是哪一種？

A. 用烘衣機快速烘乾　B. 自然晾乾

另外，洗衣機最後一道漂洗的水可用做下一批衣服的洗滌水來使用，一次可以省下30～40公升的清水。除此之外洗滌水也可用來拖地、洗拖把或沖馬桶。

04. 小孩子做作業時寫了錯字，最好不要用什麼修正？

A. 修正液　　　　　B. 修正帶

A

修正液中含有一些有害化學成分，長期使用可能對肝臟、腎臟等造成長期的慢性危害，甚至還會引起白血病等病症。此外各式各樣的化合物對眼睛也會產生過強的刺激，經常使用會造成流眼淚、眼睛發紅，甚至有些人還會噁心、嘔吐、渾身不舒服，造成更嚴重的長期危害。

05. 在室內使用蚊香，不適宜選用哪一種？

A. 有煙蚊香　　　　B. 電蚊香

大多數蚊香的有效成分是除蟲菊以及有機成分、黏合劑、染料和其他添加劑等，因此燃燒蚊香冒出的煙裡，含有許多對人體有害的物質，可能誘發哮喘等疾病。

06. 過度使用生長激素催生瓜果蔬菜的結果是：

A. 使它們的營養價值更高

B. 造成人類發育異常

食物中普遍存在的激素和抗生素，不但會誘發人類癌症和各種相關疾病，而且還會與殺蟲劑、洗滌劑等形成「環境荷爾蒙」，使人類出現雄性退化，精子減少，雄雌性畸形和不孕等症狀。

07. 小王要去買月餅從有利於環境保護的角度思考，你會建議他買哪一種包裝？

A. 豪華包裝　　B. 簡易包裝

月餅的外包裝再漂亮，最終還是會被丟進垃圾桶。加上這些都是難以分解的塑膠，不但造成資源浪費，還會破壞環境。月餅包裝只是裝飾品，卻要造成如此大的資源浪費，實在是不應該。

Q 08. 塑膠在自然界可停留多久？

A. 100～200年　　　　B. 10～50年

塑膠在自然界中可停留100～200年；皮革可停留50年；玻璃則可停留1000年。這些廢棄物品成爲生活垃圾，佔用自然空間，成爲公害。

Q 09. 下面哪種方式不能避免空調病？

A. 每天打開門窗通風換氣

B. 選用環保空調、健康空調

避免空調病的方法就是少開空調，多利用自然風降低室內溫度，適量流汗更是預防要訣。室溫宜定在24度左右，室內外溫差不宜超過7度。因爲溫差過大，易傷身致病。

10. 蜂蜜不宜在下面哪種容器中存放？

A. 玻璃瓶　　　　B. 鐵罐

有的人習慣用鐵罐盛裝蜂蜜，以爲這樣密封性較好。其實恰恰相反，這樣存放蜂蜜不僅營養成分會受到破壞，而且人在食用後易引起噁心、嘔吐等中毒症狀。這是因爲蜂蜜中含有0.2%～0.4%的有機酸和碳水化合物，這兩種酸性物質在人體所產生的酶交互作用下，部分轉變爲乙酸。當蜂蜜長期貯存在金屬器皿內，這種乙酸就會使鍍鋅的鐵皮腐蝕脫落，因此增加了蜂蜜中的鉛、鋅、鐵等金屬含量，使蜂蜜變質。因此不宜用金屬器皿盛放蜂蜜。

11. 化妝品其中的輔助原料如：色素、防腐劑、香料等，都可能含有有害物質。尤其是具有特殊功效的化妝品，如：增白、祛斑的化妝品中，可能含有什麼樣的重金屬，該物質對人體有害？

A. 對苯二酚　　　　B. 汞

某些美白祛斑的化妝品利用人們希望在短時間內變美的心態，喊出「只要幾天」就能明顯感受變化的口號。這些產品之所以能迅速美白，主要是因爲其中含有汞或含汞化合物等有害成分，其毒性不容忽視。這些有毒成分可經皮膚吸收蓄積在人體內，引起慢性汞中毒，嚴重者還可導致牙齒及肝腎功能的損害。

12. 世界糧食日是哪一天？

A. 10月16日　　　　B. 5月6日

世界糧食日（World Food Day，縮寫WFD）是在1979年11月所舉行的第20屆聯合國糧食及農業組織（簡稱「聯合國糧農組織」）大會決議中確定的，它的宗旨是喚起世界對發展糧食和農業生產的重視。

13. 哪種嗜好對孕婦和胎兒健康無害？

A. 吸菸　　　　B. 下棋

孕婦吸菸不但對胎兒造成很大的傷害，對其自身也十分不利。有報導指出，吸菸的孕婦在分娩時出現胎盤剝離、出血、提早破水等併發症的機率，比正常產婦高出1～2倍。寵物身上的寄生蟲和弓形體也會導致胎兒畸形，而這些寄生蟲只要是與寵物親密接觸就會傳播到人身上，因此孕婦在懷孕前三個月就應該避免與寵物接觸。

14. 防皺服裝在製造過程中往往加入了：

A. 甲醛　　　　　　　　B. 黃麴黴菌

布料爲了達到防皺、防縮、阻燃等作用，或爲了保持印花、染色的持久性，並改善觸感，就需添加甲醛。目前使用甲醛作爲印染輔助劑的布料多爲純棉紡織品，因爲純棉紡織品更容易產生皺紋，使用含甲醛的輔助劑能提高棉布的硬挺度，所以我們穿的衣服經常會含有甲醛。

Q 15. 兒童房的相對濕度應保持在百分之多少？

A. 10%以下　　B. 30%～70%之間

科學研究指出，人類生活在相對濕度45%～65%的環境中最感舒適，也不容易引發呼吸系統疾病。

Q 16. 以下爐灶哪種污染較小？

A. 柴火灶　　B. 電磁爐

電磁爐由於是電力加熱的方式，沒有燃料殘漬和廢氣污染的問題，因而鍋具非常清潔，使用多年仍可保持鮮亮如新，使用後用水沖洗即可。而電磁爐本身也很好清理，沒有煙薰的痕跡。

17. 以下哪種購物方式最有利於環保？

A. 用商家提供的塑膠袋

B. 自備購物袋

減少塑膠污染首先要從源頭做起，最有效的方法是減少各類塑膠包裝物的使用。所以購物最好自備購物袋，少用塑膠袋。

18. 哪種方法是節約用水的好辦法？

A. 用公家的水

B. 在馬桶水箱裡放一個裝滿水的寶特瓶

除此之外，洗手時把水龍頭的水接起來，洗滌蔬菜水果。洗碗時也一樣，用過的水存下來還可以用來澆花或沖馬桶。

Q 19. 以下哪種退去家禽羽毛的方法對人體無害？

A. 熱水退毛　　　　B. 瀝青退毛

A

松香、瀝青是很常見的化學原料，主要用於油漆、造紙、橡膠等工業。退毛用的松香、瀝青本身對人體危害不大，但回鍋重複使用，經過高溫後產生的松香、瀝青裡卻含有鉛等重金屬和有毒化合物，這些化合物會污染禽畜肉，食用後對人體有毒性。特別是松香、瀝青在氧化後產生的過氧化物會嚴重損害人體的肝臟和腎臟。松香在高溫情況下還會發生氨解反應，產生大量氨氣，損害操作者的身體健康，同時污染周圍環境。

20. 以下哪種建築材料放射性較高？

A. 大理石　　　　B. 花崗岩

B

由於產地、地質結構和生成年代不同，各種石材的放射性也不同。從相關檢測結果看來，其中花崗岩的放射性超標較多。

21. 以下哪種植物最適合放在室內用來淨化空氣？

A. 含羞草　　　　B. 吊蘭

一盆吊蘭在一間30坪左右的房間裡就等於是一個空氣清淨器，它可以在24小時內，殺死房間裡80%的有害物質，吸收掉86%的甲醛。利用花卉植物淨化室內環境時應注意，不要使用一些花草香味過於濃烈，會讓人難受甚至產生不良反應的植物，如：夜來香、鬱金香、五色梅等花卉。有的觀賞性花草含有毒性，應注意擺放地點，如：含羞草、一品紅、夾竹桃、黃杜鵑等花草。

22. 處於孕期哪一階段的孕婦用藥不當最容易造成胎兒畸形？

A. 8 周以內　　　　B. 12 周以後

孕婦在懷孕前3個月和分娩前3個月，用藥特別要注意。受精卵形成後的最初3個月，胎兒的各個器官、系統尚未完全成形，最易受藥物毒害，而造成發育不完全。這段期間內如果孕婦服用抗腫瘤藥物，可能引起胎兒眼、面及腦部畸形，生出無腦、腦積水或唇齶裂的胎兒。另外雄激素可能引起女胎男性化，反之雌激素則會使骨骼系統畸形等等。

23. 世界無菸日是哪一天？

A. 5月21日　　　　B. 5月31日

B

1987年11月，聯合國世界衛生組織建議將每年的4月7日定為「世界無菸日」（World No Tobacco Day），並於1988年開始執行。但因4月7日也是世界衛生組織成立的紀念日，每年的這一天世界衛生組織都會提出一項與保健相關的主題。為了不模糊主題，世界衛生組織決定從1989年起將每年的5月31日定為世界無菸日。

24. 世界水資源日是哪一天？

A. 3月22日　　　　B. 4月22日

為了緩解世界水資源供需衝突，根據聯合國《21世紀議程》第18章有關水資源保護、開發、管理的原則，在第17次大會中通過了決議，決定從1993年開始，訂定每年的3月22日為「世界水資源日」。此項決議提請各國政府根據自己的國情，在這一天內開展一些具體的宣傳活動，以提高公眾意識。

25. 元宵節又叫什麼節？

A. 化節　　　　B. 燈節

漢明帝時期，為了提倡佛教，敕令在元宵節點燈，所以又叫「燈節」以表示對佛教的尊敬。

Q 01. 在商店裡，大部分商品售價都有尾數，比如299元，而不是300元，請問商店為什麼這樣定價？

A. 因為消費者心理因素

B. 因為實物值這個價錢

C. 因為大家都這樣定價

這種定價方式我們稱之爲尾數定價，又稱零頭定價，企業針對的是消費者的心理，在商品定價時故意定一個與整數有一定差額的價格。這種定價策略具有強烈的刺激心理。尾數定價法會讓消費者感覺到這是經過精確計算的最低價格；有時也可以讓消費者感覺這是原價打了折扣之後商品變便宜的感覺。同時，顧客在等候找零期間，還可能會繼續發現其他想要的商品，並繼續購買。

02. 股份有限公司的「有限」是指下列哪一項？

A. 股份數量有限

B. 股東數量有限

C. 股東責任有限

也就是股東對公司的債務履行到股本賠光爲止。

03. 供大於求的市場被稱為什麼？

A. 買方市場

B. 賣方市場

C. 過剩市場

所謂「買方市場」，就是市場上多數商品呈現供過於求的狀態，商品交換的主動權掌握在購買者手中。反之，「賣方市場」就是市場上多數商品呈現供給不足的狀態，這時商品交換的主動權就掌握在出售者手中。

所謂小康社會是一種介於溫飽和富裕之間的生活型態。不過，「小康」並不是一個新詞，它最早出自哪裡？

A.《詩經》　　B.《論語》　　C.《禮記》

《禮記》相傳是西漢戴聖編纂，「小康」見於《禮運》，意義相對於「大同」。

股票是一種有價證券，以下哪一項不是股票的基本特徵：

A. 風險性　　B. 期限性　　C. 流通性

股票既然是上市公司發給股東作爲已投資入股的證書與索取股息的憑證，像一般商品一樣，有價格、能買賣、可以用作抵押品。公司行號藉由股票上市來籌集資金，而投資者也可以透過購買股票獲取一定的股息收入。股票的基本特徵之一就是其時間性：如果沒有賣掉股票，就是一項無確定期限的投資。

06. 恩格爾係數（Engel's Coefficient）是用來衡量一個國家或地區的：

A. 一段時間內股票漲跌的程度

B. 性別比率

C. 居民的富裕程度

1817年，德國統計學家恩格爾利用居民食品支出占總收入的比例來衡量居民的富裕程度，後來這個比例值就被命名爲恩格爾係數。

07. 古人常以「尺素」表示什麼？

A. 白色頭巾　　B. 手帕　　C. 書信

古樂府《飲馬長城窟行》：「客從遠方來，遺我雙鯉魚，呼童烹鯉魚，中有尺素書。」後來「尺素」就被用來作爲書信的代稱。秦觀《踏莎行》中寫道：「驛寄梅花，魚傳尺素，砌成此恨無重數。郴江幸自繞郴山，爲誰流下瀟湘去？」

Q 08. 「席夢思」三個字源於什麼？

A. 地名　　B. 人名　　C. 官職名

一百多年前，美國一位賣傢俱的商人叫查爾蒙‧席夢思。他聽到顧客抱怨床板太硬，睡在上面不舒服，於是便動起腦筋。在1900年間，推出了世界上第一個用布包著的彈簧床墊，立刻受到廣大消費者的好評。於是人們便用他的姓為床墊起了這個名字。

Q 09. 「吹簫吳市」中的「吹簫」是用來委婉的稱呼哪些人？

A. 雜耍之人　　B. 妓女　　C. 乞丐

「吹簫吳市」的意思是像伍子胥在吳國的街市吹簫乞食一樣，比喻行乞街頭，也作「吳市吹簫」。而「吹簫」是乞丐的委婉稱呼。

10. 在中國古文字中，從來就沒有代表女性的「她」字，請問這個字最早是誰開始使用的？

A. 胡適　　B. 魯迅　　C. 劉半農

C

1920年9月，當時正在英國倫敦的近代作家劉半農，寫了一首著名情詩《教我如何不想她》。這首詩首次創造了「她」這個字。

11. 中國最早的文字出現在幾千年前？

A. 3000年前　B. 4000年前　C. 5000年前

C

考古學者在山東省南部發現了刻劃在陶器上的符號，是中國迄今發現最早的文字，其年代距今已有約4900年。專家們將這種文字稱爲「大汶口文化的陶尊文字」或「大汶口文化發現的圖像文字」。

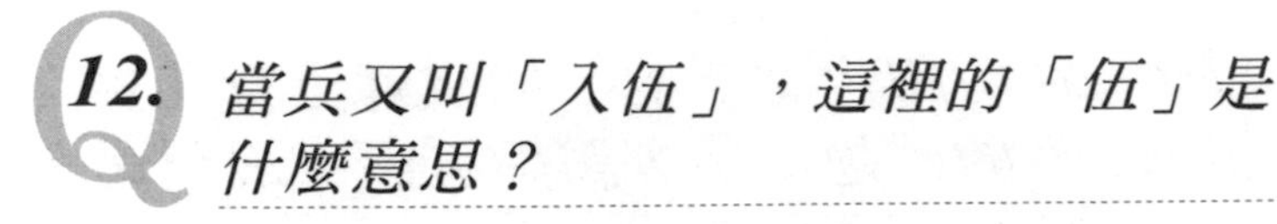

Q 12. 當兵又叫「入伍」，這裡的「伍」是什麼意思？

A. 和現在「五」意思相同

B. 古代軍隊編制

C. 和「夥」意思相同，即「入夥」

在古代軍隊中，五人爲一伍，五伍爲一兩，五兩爲一卒，五卒爲一旅，五旅爲一師，五師爲一軍。自西周起，古代軍隊大多都是參照伍、兩、卒、旅、軍的規矩編制的。當時社會基層單位稱之爲「比」，五戶爲一比。每當徵兵的時候，五戶人家各要送一名男丁，一比共要送五人，恰好組成一個伍。儘管歷代軍隊編制不斷地變化，但「伍」的叫法卻一直沿用了下來。

Q 13. 中國地區的少數民族語言共分多少個語系？

A. 5 個　　B. 6 個　　C. 7 個

A

這五個語系是：漢藏語系、阿勒泰語系、南亞語系、南島語系和印歐語系。

下列語言中哪種不屬於聯合國官方語言？

A. 漢語　　B. 俄語　　C. 葡萄牙語

聯合國的官方語言共有6種：漢語、英語、法語、俄語、阿拉伯語與西班牙語。

「宮保雞丁」中「宮保」來自以下哪一項典故？

A. 地名　　B. 官名　　C. 人名

C

「宮保雞丁」是四川名菜，它的由來與清朝四川總督丁寶楨有關。丁寶楨原籍貴州，清咸豐年間進士，曾任山東巡撫，後任四川總督。他一向很喜歡吃辣椒與豬肉、雞肉爆炒的菜餚。據說在山東任職時，他就命家廚製作「醬爆雞丁」等菜，很合胃口，但那時此菜還未出名。調任四川總督後，每遇宴客，他都會讓家廚用花生、乾辣椒和嫩雞肉炒雞丁，肉嫩味美，很受客人歡迎。後來他因爲戍邊禦敵有功，被朝廷封爲「太子少保」，人稱「丁宮保」，而家廚烹製的炒雞丁，也被稱爲「宮保雞丁」。

16. 請問以下哪個地方，既是法國最大的皇宮建築，又是世界上最著名的藝術殿堂？

A. 羅浮宮　　B. 凡爾賽宮　　C. 盧森堡

羅浮宮位於巴黎市中心塞納河北岸，總面積達19.8公頃，建築物面積4.8公頃，全長680公尺。盧浮宮建築並不高，地面只有三四層，但幅員廣，是歐洲面積最大的宮殿建築，也是世界上最大的美術博物館。

Q 17. 舉世聞名的泰姬瑪哈陵在哪裡？

A. 泰國　　B. 印尼　　C. 印度

泰姬瑪哈陵（The Taj Mahal）是世界聞名的印度伊斯蘭建築。位於印度北方邦亞格拉市郊（Agra, Uttar Pradesh, India）。泰姬瑪哈陵是莫臥爾王朝第五代皇帝沙賈罕（Mughal emperor Shah Jahan）爲其愛妻泰姬・瑪哈所修建的陵墓。始建於1631年，每天動用2萬名工匠，歷時22年才完成。

Q 18. 位於北京的天壇古時候是用來做什麼的？

A. 觀測天象　　B. 皇帝登基典禮　　C. 祭天

北京的天壇是古代皇帝祭天的地方。

Q 19. 請問白鹿洞書院位於中國哪個省境內？

A. 安徽省　B. 湖南省　C. 江西省

C

在江西省九江市廬山區海會鎮與星子縣的交界處，坐落著中國四大書院之一的白鹿洞書院。白鹿洞原是唐代洛陽人李渤年輕時隱居求學之地。李渤養有一頭白鹿自娛，白鹿十分馴服，常隨主人外出走訪遊玩，還能幫主人傳遞信件和物品，因此李渤被稱爲白鹿先生，書院就被稱爲白鹿洞。

Q 20. 澳洲的聖誕老人總是與其他地方不太一樣，這是因為什麼原因呢？

A. 因為他們沒有鬍鬚

B. 因為他們用袋鼠拉車

C. 因為他們穿著短褲、背心

C

澳洲的耶誕節正值仲夏，天氣很熱，所以這裡的聖誕老人總是穿著短褲和背心。

21. 中國的長江全長6300公里，是中國第一大河，請問長江最後注入哪一座海洋？

A. 東海　B. 黃海　C. 北海

B

長江的上游是金沙江，最後流到上海注入黃海。

22. 請問在中國有「日光城」之稱的城市是哪一個？

A. 昆明　B. 廣州　C. 拉薩

C

拉薩每年平均日照總時數多達3005.3小時，平均每天有8小時15分鐘。比在同緯度地區幾乎多了一半，比四川盆地多了2倍。這麼多的日照時間，使這個城市得到了「日光城」之稱。

Q 23. 中國北京的故宮又被稱為紫禁城，請問「紫」是指什麼？

A. 皇宮城牆的顏色　B. 紫微星　C. 滿語神聖之意

在古代中國，人們把星座分爲三垣二十八座，位居三垣中央的就是「紫微星」，被認爲是玉皇大帝居住的地方。皇帝以天子自居，所以生活的地方也必須暗合紫微之意。

Q 24. 希臘國歌有一項特點，請問是哪一項？

A. 創作最早　B. 歌詞最長　C. 作者最多

創作於西元1823年的《自由頌》，總共有158段。

25. 苗族的民間習慣用什麼方法為子女記歲？

A. 在牆上劃橫線

B. 在樹上掛紅包

C. 在籬笆上掛雞腿骨

C

苗族民間的記歲風俗依然流行於今天的廣西隆林各族自治縣。當子女過生日時，父母殺雞慶賀，然後把吃剩的一對雞腿骨掛在籬笆上，一直掛到十七歲。當地人們問孩子年齡時，只問幾對雞骨，不問幾歲。

26. 中國有「三大火爐」，分別是武漢、重慶和哪一座城市？

A. 上海　　B. 成都　　C. 南京

長江中下游地區有一區屬於夏季高溫區，如：南京、武漢和重慶，一年之中有長達20天以上「日最高氣溫」超過35℃，甚至還出現過40℃以上的高溫。所以人們也稱這三個城市為「三大火爐」。

27.「畫地為牢」的「牢」在古代是指什麼意思？

A. 監牢　　B. 圓圈　　C. 籬笆

古時候的懲罰是在地上畫圈，令犯罪者立於圈中，以示懲罰。

28. 由國際消費者組織所制定的「世界消費者權益保護日」是每年的哪一天？

A. 3 月 5 日　　B. 3 月 12 日　　C. 3 月 15 日

所謂消費者權益，已獲得全世界的廣泛重視，爲了擴大宣傳，促進各個國家、地區消費者組織的合作與交流，開展保護消費者權益工作。1983年國際消費者聯盟組織確立每年3月15日爲「國際消費者權益日」。

01. 地球到月球的距離約為：

A. 38.4萬公里　　B. 48.4萬公里

C. 58.4 萬公里　　D. 68.4 萬公里

A

月球的運行軌道是橢圓形的，離地球最近的距離爲36.3萬公里，最遠的距離爲40.6萬公里。地球到月球的平均距離是38.4萬公里。

02. 山珍海味分為上、中、下八珍，請問下列四種佳餚中哪種屬於下八珍？

A. 燕窩　　B. 猴頭

C. 魚翅　　D. 海參

一般來說，山珍海味常分爲上、中、下八珍。

上八珍：狸唇，駝峰，猴頭，熊掌，燕窩，鳧脯，鹿筋，黃唇膠。

中八珍：魚翅，銀耳，鰣魚，廣肚，果子狸，哈什螞，魚唇，裙邊。

下八珍：海參，龍鬚菜，大口蘑，川竹筍，赤鱗魚，干貝，蠣黃，烏龜蛋。

除此以外，魚肚，魚骨，魚皮，鱿魚，飛龍鳥也屬於名貴的山珍海味。

03. 按照國際慣例，接待國家元首時鳴放禮炮多少響？

A. 21 響　　B. 23 響

C. 25 響　　D. 28 響

A

鳴禮炮起源於英國。早在四百年前，英國海軍就有鳴炮表示隆重迎送國賓的禮遇。長久以來鳴放禮炮已形成國際慣例，凡歡迎外國元首，鳴禮炮21響。歡迎外國政府首長，則鳴放19響。鳴放禮炮演變成爲最高規格的禮遇。

04. 撲克牌的四種圖案各自代表了某些意義，其中代表幸福的是：

A. 梅花　　B. 方塊

C. 黑桃　　D. 紅心

紅心、方塊、梅花、黑桃四種花色，分別代表春夏秋冬四個季節。

「紅心」是紅色心形，象徵智慧、愛情；「方塊」爲鑽石形狀，其含意是「財富」；「梅花」的黑色三葉，源於三葉草，代表幸福；「黑桃」代表橄欖葉，象徵和平。

05. 乾洗後的衣服最好不要馬上穿是為了避免什麼化學品對人體神經系統造成傷害。

A. 高氯化合物　　B. 高氮化合物

C. 高氟化合物　　D. 高磷化合物

過去大部分衣物乾洗是使用一種高氯化合物（四氯

乙烯）的化學品作爲活性溶劑。實驗證明此化學品對於人體的神經系統有害，長期接觸很可能致癌。所以衣物剛從乾洗店取回來時，應該拆開塑膠袋掛在通風處，直到化學氣味消散後再穿。

剛取回的衣物千萬不要即刻放進衣櫃或者衣帽間，以免衣櫃或者衣帽間被化學揮發物污染。近來許多洗衣店已經改用對人體無害的洗劑並採用標準作業規範，以確保降低乾洗劑對人體造成影響的可能性。

06. 下列古代計時單位，哪一個與半小時即30分鐘最接近？

A. 時辰　　B. 刻

C. 更　　D. 點

D

1個時辰等於2個小時，1刻等於14分24秒，1更也約合2個小時，1點是1更的五分之一，合現在的24分鐘，所以離半小時最近的是「點」。

07. 古時候的「三更四點」是現在的晚上幾點幾分？

A. 11 時 24 分　　B. 11 時 36 分

C. 12 時 24 分　　D. 12 時 36 分

古代把晚上戌時作爲一更，亥時作爲二更，子時作爲三更，丑時爲四更，寅時爲五更。一個晚上分爲五更，按更擊鼓報時，又把每更分爲五點。

每更等於一個時辰，相當於現在的兩個小時，即120分鐘，每點等於24分鐘。所以「三更四點」相當於現在的凌晨12時36分。

08. 漆黑的夜色令人難以判斷距離遠近，但有一些方法能讓我們大致判斷得出來。比如：可以聽到人呼喊的聲音表示距離在：

A. 0.5 公里以內　　B. 1 公里以內

C. 1.5 公里以內　　D. 5 公里以內

B

在漆黑的夜晚，判斷距離的方法有：
可以聽見人的談話：0.5公里以內。
可以聽到人呼喊聲：1公里以內。
可以聽見槍聲：5公里以內。
可以聽到汽車喇叭聲：2公里以內。
可以聽到汽車開動聲：1.5公里以內。
可以聽到飛機聲：8~12公里以內。
可以看見擦火柴的火光及手電筒光亮：1.5公里以內。

Q 09. 在一般俚語中，新手被稱為：

A. 青蛙　　B. 蟲子
C. 菜鳥　　D. 恐龍

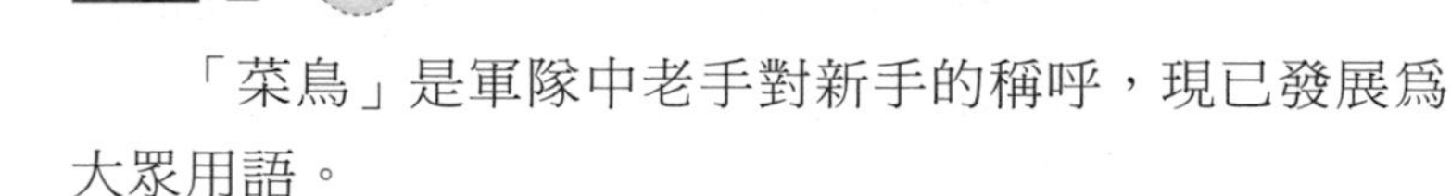

C

「菜鳥」是軍隊中老手對新手的稱呼，現已發展爲大眾用語。

10. 秦始皇陵墓裡的兵馬俑是：

A. 銅製品　　B. 陶製品
C. 瓷製品　　D. 青銅製品

兵馬俑是秦始皇陵墓中塑成兵士、戰馬形狀的陶俑，用來陪葬。

11. 在菜餚裡加些味精，會使菜的味道變得特別鮮美。味精最早是從什麼東西中提煉出來的？

A. 紫菜　　B. 小麥
C. 玉米　　D. 海帶

由日本化學教授池田菊苗從海帶中提煉出的。

Q 12. 到郊外遊玩時，可以利用手錶判定方位：把時針對準太陽，時針與錶面某個數字所形成的銳角的平分線就是南方。你知道是哪個數字嗎？

A.「3」　　B.「6」

C.「9」　　D.「12」

D

身在北半球時，用手錶確定方向的另一個方法就是將你所處的時間除以2之後，將結果對應錶面上的數字，然後將這個數字對準太陽，然後錶面上「12」點所指的方向就是北方。如上午10點，除以2，結果爲5。將錶面上的「5」對準太陽，如此一來「12」所指的方向即爲北方。但要記住，到了下午則應該按24小時計時法計算，比如下午4點等於16點。時針指向太陽，時針和分針的角平分線指向南方。

13. 狂牛病最早發現於哪國？

A. 英國　　B. 法國
C. 德國　　D. 美國

狂牛病是牛隻神經退化導致精神失常的疾病，最早發現於20世紀末英國的一個牧場。1996年，科學家們發現食用了受感染的牛肉產品會導致人類也患上類似的致命腦病——庫賈氏症的變種，引起了全球的恐慌。

14. 在列車語言裡，一長聲表示：

A. 通過指定鳴放汽笛處
B. 注意列車接近
C. 警告危險或發生緊急事故
D. 召回前往執行公務之司機或車長

一聲長鳴：注意列車接近，如：發現有人在鐵軌上

行走，火車就會長鳴。

二長聲：通過指定鳴放汽笛處所。連續短聲：警告危險或發生緊急事故。兩短聲：召回前往執行公務之司機或車長。

15. 人類有國際語言，同樣輪船也有國際語言，那麼輪船鳴笛二長聲的意思是：

A. 警告來船或附近船隻注意

B. 表示有人落水

C. 表示本船要求靠泊

D. 本船在等候，請你船先行，我再駛過

C

一短聲：本船正在向右轉向，當和其他船相遇時，「請從本船左舷通過」。

二短聲：本船正在向左轉向，當和其他船相遇時，「請從本船右舷通過」。

三短聲：本船正在倒船，或有後退傾向。

四短聲：不同意對方要求，請對方採取避讓行動。

六短聲，輪船遭險呼救。

一長聲，本船離開碼頭或泊位。

二長聲，要求通過船閘或靠泊。

三長聲：表示有人落水。

一長一短：本船在等候，請你船先行，我再駛過。

16. 俗語「七月半看一看，八月半收一半」指哪種農作物：

A. 水稻　　B. 小麥

C. 大豆　　D. 棉花

D

棉花的生長期分爲萌芽、出苗、苗期、蕾期、花鈴期和吐絮成熟期五個階段。棉花生長期相對於其他農產品來講較長，受自然因素的影響較大。花鈴期是各階段中成長最快速的階段，如果此時肥水不足，就會影響產量。所以在收成期間要特別小心照顧棉花田。

Q 17. 交通規則中，警告標誌路牌一般是：

A. 三角形　　B. 正方形
C. 圓形　　D. 六邊形

A

警告標誌是正三角形的牌子，它的目的是要車輛和行人提高警覺，注意道路上的特殊情況，並做好應變的準備。

Q 18. 在房地產界，「預售屋」是指：

A. 尚未建成的樓房
B. 銷售房屋的宣傳材料
C. 房屋銷售的契約書
D. 房屋銷售中的樣品屋

預售屋，是指尚未建好的樓房。賣預售屋就是在這些樓房尚未完工時就先進行的銷售行爲。

19. 身體著火時要沉著應對，下面的做法中有一個是錯的，請指出：

A. 在地上打滾　　B. 脫掉衣帽

C. 跳入水中　　D. 奔跑

奔跑會造成空氣流動，就像生火時扇風一樣，會讓火越燒越旺。

Q20. 樟腦是從樟樹的哪部分提取的？

A.樹葉中　　B. 木片中

C. 種子中　　D. 花瓣中

樟腦是用樟樹木片蒸餾而成的精油，係白色晶體。

Q 21. 首日封的意思是：

A. 發行日當天加蓋紀念戳的郵票

B. 紀念某人的郵票

C. 小本票

D. 極限明信片

首日封是在新郵票發行首日，將該套郵票的全套或單枚貼在特製信封右上角，加蓋當天郵政日戳或特別紀念郵戳的信封。若經郵政部門實際寄送的話，稱爲首日實寄封。

Q 22. 目前足球運動員用的護腿板是由什麼材料製成的：

A. 軟橡膠　　B. 麻布

C. 牛皮　　D. 輕質塑膠

護腿板必須由護襪全部包住，而且應是由適當的材料製成（橡膠、塑膠、聚氨酯或其他類似的材料）。

23. 清洗傷口最好用：

A. 清水　　B. 濃度75％酒精

C. 生理食鹽水　　D. 高錳酸鉀溶液

傷口的清洗最好用生理食鹽水，濃度75％酒精一般是用來消毒的才對。

24. 在中國傳統茶藝中，紫砂壺一般是用來沖泡哪種茶葉的？

A. 紅茶　　B. 綠茶

C. 烏龍茶　　D. 青茶

茶葉可分為紅茶、綠茶、烏龍茶、黑茶、白茶、黃茶。

在中國傳統茶藝文化中，紅茶最好用瓷器沖泡，味道最醇香紅潤；綠茶最好用玻璃茶具來沖泡，以便可觀其形，觀其色；烏龍茶最好用紫砂壺來沖泡，因為紫砂壺的透氣性好。

Q25. 旗袍原是中國哪個種族婦女的服裝？

A. 滿族　　B. 朝鮮

C. 彝族　　D. 壯族

旗袍原是滿洲旗人婦女的服裝，隨清朝的建立傳入中原。起初樣式寬大、平直、衣長至足，領、襟、袖口的邊緣都鑲有寬邊。到了30年代旗袍盛行，成爲女子最時髦的裝束，之後才逐漸減少。

Q26. 《伊索寓言》中的伊索是來自哪裡的寓言家？

A. 埃及　　B. 伊索比亞

C. 希臘　　D. 羅馬

《伊索寓言》是一部寓言故事集。相傳伊索是西元前6世紀古希臘人，善於講述動物故事。現存的《伊索寓言》是古希臘羅馬時代流傳下來的故事，經後人彙集，統歸在伊索寓言裡。

27. 《三十六計》是一部表現兵家謀略的有名兵書，其中第一計是什麼？

A. 走為上策　　B. 空城計

C. 美人計　　D. 瞞天過海

「走爲上」是第三十六計；「空城計」是第三十二計；「美人計」是第三十一計。

28. 世界上第一個出現在螢幕上的形象是：

A. 一隻貓　　B. 一個掛鐘

C. 一個木偶頭　　D. 一位年輕的小夥子

1925年蘇格蘭發明家約翰・羅傑・貝爾德（John Logie Baird）用機械方法掃描了一個木偶的頭部，他欣喜地發現，木偶頭出現在另一間屋裡的螢幕上，此後貝爾德電視系統終於研發成功了。

Q 29. 「後來居上」原來是說後生在哪方面超過了前輩？

A. 官職　　B. 繪畫

C. 武藝　　D. 書法

這句話的出自於西漢司馬遷《史記‧汲鄭列傳》。汲黯對漢武帝說：「陛下用群臣，如積薪耳，後來者居上。」

Q 30. 浪漫主義是18至19世紀上半，西方社會裡的一種思潮文化流派，最先發跡於哪裡？

A. 法國　　B. 英國

C. 俄國　　D. 德國

D

首次提出浪漫主義的是席勒（Schiller）。席勒在《論素樸的與感傷的詩》（1796年）一文中，探討了古典主義（素樸的詩）與浪漫主義（感傷的詩）的起源和區別。認爲古典主義是「對現實盡可能完滿的模仿」，而浪漫主義則是「把現實提升到理想，或者說，理想的表現」。

31. 「音樂神童」是指哪個音樂家？

A. 貝多芬　　B. 莫札特
C. 巴赫　　D. 舒伯特

在歐洲音樂史中，自幼便顯示出音樂才幹者並不罕見。但像莫札特那樣早熟的奇才，能在那樣小的年齡便被公認爲「神童」的音樂家，卻是萬中無一。他3歲就能用鋼琴彈奏許多他所聽過的樂曲片斷，5歲就能準確無誤地辨別任何樂器上奏出的單音、雙音、和弦的音名，甚至可以輕易地說出杯子、鈴鐺等器物碰撞時所發出的音高。如此的絕對音感，是絕大多數職業樂師一輩子都達不到的。

Q 32. 最早來到中國放映電影的是哪個國家的人？

A. 英　　B. 美
C. 法　　D. 德

1896年8月11日，電影誕生不到半年便傳到了中國。上海徐園的雜耍遊樂場買進了幾部法國影片，並在遊樂場中放映。人們立刻被這種新奇的玩意兒給吸引住了，認為電影是「開古今未有之奇，泄造物無窮之秘」。第二年的夏天，1897年7月，美國人來到上海放映電影。1899年，西班牙人雷瑪斯首先將一些有簡單情節的故事短片拿到中國來放映，後來也成了第一個在中國人的領土內經營電影院的商人。

Q 33. 越劇是哪個地區的戲種？

A. 江蘇　　B. 湖北
C. 浙江　　D. 北京

越劇誕生於1906年，時稱「小歌班」。其前身是浙江嵊縣一帶流行的說唱藝術——落地唱書。表演者都是半農半藝的男性農民，曲調沿用唱書時的吟哦調，以人聲幫腔，無絲弦伴奏，劇碼多爲民間小戲，經常在浙東鄉鎮演出。1910年小歌班進入杭州，1917年到達上海。

34. 歌劇《杜蘭朵》的故事背景發生在中國的哪一個朝代？

A. 唐朝　　B. 宋朝

C. 元朝　　D. 清朝

《杜蘭朵Turandot》是義大利劇作家卡洛戈奇（Carlo Gozzi）在18世紀末葉創作的劇本。以元朝爲背景，講述一個愛情與權力的故事。

Q 35. 很多古代文學家被後人並稱，比如：李白和杜甫就被後人並稱為「李杜」，請問以下哪一位不屬於「三蘇」？

A. 蘇洵　　B. 蘇軾

C. 蘇轍　　D. 蘇乞兒

「三蘇」是北宋文學家蘇洵和他兒子蘇軾、蘇轍的合稱，其中以蘇軾的成就最高。

Q 36. 命運交響曲是貝多芬的第幾交響曲？

A. 第三　　B. 第五

C. 第六　　D. 第九

貝多芬的《命運交響曲》原名《第五交響曲》，這是一部充滿哲理的樂章，也是最能代表貝多芬藝術風格的作品。

Q 37.《詩經》中的精華是哪一個部分？

A.「風」　B.「大雅」
C.「頌」　D.「小雅」

A

「風」是《詩經》的精華，多出自民間，以抒情爲主，內容真實反映人民的生產活動、生活以及健康淳樸的愛情。「大雅」多敘述祖先的史跡和武功，有些篇章帶有史詩性質。「小雅」大部分出自貴族文人之手，內容以政治諷喻詩爲主。「頌」的內容以歌功頌德爲主，文學價值不大，但具有一定的歷史價值。

Q 38. 最早的校園歌曲出現在哪一個國家？

A. 日本　B. 中國
C. 美國　D. 德國

A

最早的校園歌曲出現在日本。明治維新之前，日本的音樂大多是雅樂，曲調冗長沉悶，只有貴族才有時間欣賞，引起學生的不滿。後來，文部省基於學校沒有音樂教材的情況下，發動社會創作了一些適合學生唱的歌。於是，反映校園生活的歌曲便應運而生。

39. 交響樂通常由幾個樂章組成？

A. 3　　B. 4

C. 5　　D. 6

B

交響樂通常由四個樂章組成。第一樂章通常採用快板的奏鳴曲式，表現人們的鬥爭充滿戲劇性。第二樂章通常是抒情的慢板，內容往往與深刻的內心感覺及哲學思考有關。第三樂章通常爲中速的舞曲或諧謔曲。第四樂章大多採用快板的迴旋曲或迴旋奏鳴曲式，表現群眾生活與風俗。

40. 歌曲《櫻花》是哪個國家的民歌？

A. 美國　　B. 法國

C. 中國　　D. 日本

櫻花是日本的國花，《櫻花》這首歌是日本最著名的民歌之一。

Q 01. 餅乾受潮該如何處理？

可用吹風機吹幾分鐘，餅乾冷卻後，即鬆脆如故。

Q 02. 細微塵粒進入眼中，最佳處理方法是什麼？

斟滿一碟清水，將進了沙子的眼睛浸入水中，連續眨眼數次。

Q 03. 爸爸很容易胃食道逆流，只要吃飯就很難受。請問吃什麼可治療此病呢？

每餐飯後吃幾片白蘿蔔就可痊癒，胃病患者吃白蘿蔔也有效。

04. 茶葉是酸性的還是鹼性的？

鹼性。

Q 05. 冰點為攝氏零度，那麼在華氏溫度計上顯示為幾度？

羅助教愛學習

攝氏0度=華氏32度。

攝氏溫度與華氏溫度的換算式是：

°F = (℃×1.8)＋32。

其中，°F指華氏溫度，℃指攝氏溫度。

Q 06. 想要除去冰箱的異味應該怎麼辦呢？

將剛剝下來的的橘子皮放入冰箱，一天後再打開冰箱，異味就不見了。

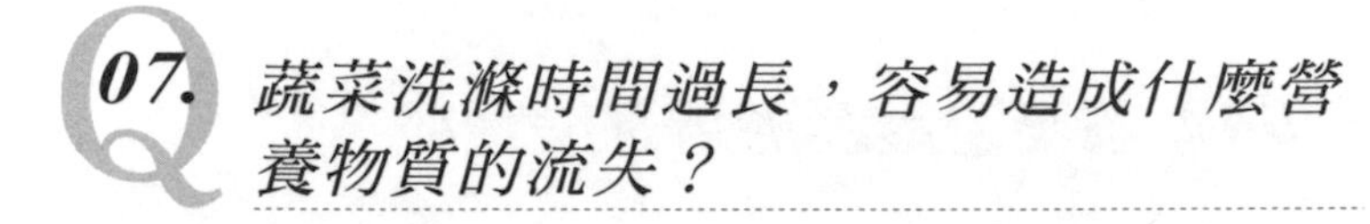

Q 07. 蔬菜洗滌時間過長，容易造成什麼營養物質的流失？

維生素和礦物質。

Q 08. 怎樣去除刀上的腥味？

切過魚肉的菜刀，都會沾上一股腥味，只要用生薑片擦一擦，腥味就可除去。

Q 09. 西餐禮儀中最得體的入座方式是從哪一側入座？

左側。

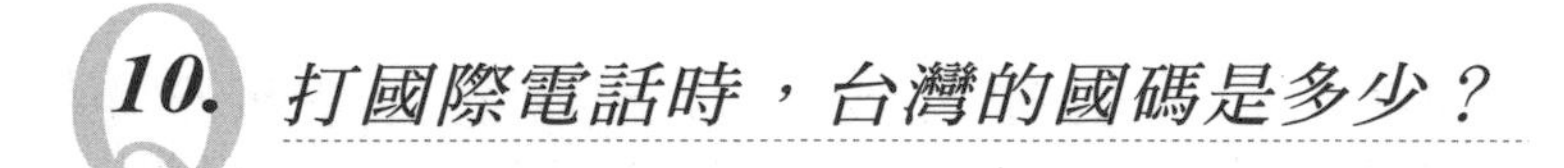

Q 10. 打國際電話時，台灣的國碼是多少？

886。

Q 11. 口很渴，可是家裡又沒有冷開水時，如何讓開水快速冷卻？

可以把盛著熱開水的杯子放在冷水中浸泡，然後在冷水中撒一把鹽，這樣就能加速開水的冷卻。

Q 12. 為什麼炒雞蛋不必放味精？

雞蛋加熱後能產生谷氨酸鈉，本身就有純正的鮮味，所以如果在炒雞蛋時放味精，就會影響雞蛋的自然鮮味，吃起來口感反而不好。

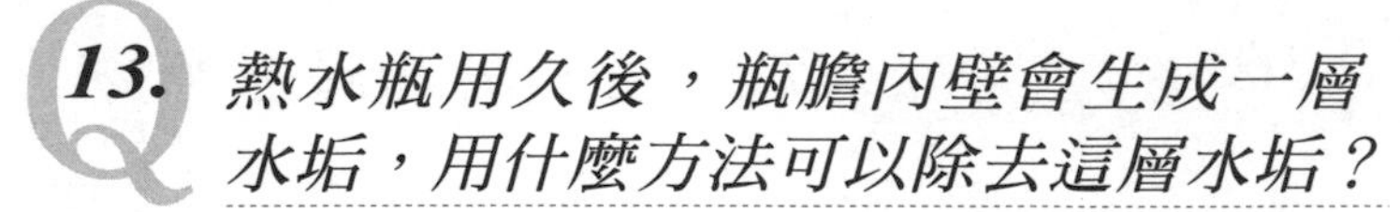

Q 13. 熱水瓶用久後，瓶膽內壁會生成一層水垢，用什麼方法可以除去這層水垢？

用食用醋浸泡瓶膽內壁後，再用清水沖洗。

Q 14. 新買的內衣為什麼應該先洗完才能穿？

羅助教愛學習

成衣廠在加工過程中，經常使用多種化學添加物進行處理，以達到防縮、增白、平滑、硬挺、美觀的目的。如果穿上身之前不先清洗，殘留在衣服上的化學添加物與人體皮膚接觸後，很容易造成皮膚的過敏反應。因此剛買回來的新內衣，一定要洗淨後再穿。

Q 15. 夏日時節瓜果大量上市，該如何清洗比較安全呢？

食用前先將瓜果在鹽水中浸泡20～30分鐘，去除瓜果表皮殘存的農藥或寄生蟲卵，同時鹽水本身也有消滅某些病菌的作用。

Q 16. 菜葉上長了蟲，不易洗淨，但丟掉又很可惜，應該如何清洗呢？

先在鹽水裡泡數分鐘後取出，再用流動的清水沖洗，菜蟲就會很容易沖洗掉了。

Q 17. 鋼筆的墨水出不來怎麼辦？

羅助教愛學習

將筆尖放入肥皂水中，按壓幾下墨水囊，然後用清水沖幾下之後把水甩乾，等鋼筆重新吸入墨水，即可書寫流暢。

Q 18. 《紅樓夢》中的四大家族分別為哪幾個姓？

賈、史、王、薛。《紅樓夢》是以賈、史、王、薛四大家族爲背景，以賈寶玉、林黛玉的愛情悲劇爲主軸，描寫榮寧二府由盛轉衰的過程，生動而寫實地描繪出封建社會的興衰，是中國古典小說的巔峰之作。

Q 19. 中國古代名醫華佗為誰所殺？

羅 助教愛學習

華佗爲曹操所殺。相傳曹操患有嚴重的偏頭痛，請了很多醫生治療，都不見成效。聽說華佗醫術高明，便請他醫治，結果華佗只替曹操扎了一針，頭痛立止。曹操害怕偏頭痛再發作，想請華佗當自己的侍醫。但華佗不慕功利，不願做這種形同僕役的侍醫，遂以回家取藥方爲藉口離開，不管曹操怎麼催促他就是不肯回來。後來曹操大發雷霆，派人把他抓了回來，仍舊請他治病，華佗診斷之後說：「丞相的病已經很嚴重，不是針灸可以奏效的了。我想還是讓你服麻沸散，然後剖開頭顱，施行手術，這才能除去病根。」曹操一聽，勃然大怒，指著華佗厲聲斥道：「頭剖開了，不是沒命了嗎？」他以爲華佗意圖謀害，竟然把這位在醫學上有重大貢獻的醫生給殺害了。

20. 對聯中的上聯應該貼在門框的左邊還是右邊？

右邊。貼對聯都是把上聯貼在門框的右邊，下聯貼在門框的左邊。

Q 21. 最早的床是在西周時出現的嗎？

羅助教愛學習

不是，最早的床出現在商代。在原始社會時期，人們的生活比較簡陋，睡覺只是簡單鋪一些植物的枝幹和獸皮而已，直到掌握了編織技術後，才開始鋪墊席子。席子出現之後，床也就隨之出現了。商代的甲骨文中，已經有形狀像床的「淋」，這表示商代已經有了床。但是從實務來看，最早的床是在一座大型楚墓中發現的，上頭刻劃著精緻的花紋，周圍有欄杆，下有六個矮足，高僅有19公分。

Q 22. 怎樣鑑別新鮮牛奶？

牛奶滴在指甲上若為球狀，就是新鮮牛奶；若滴在指甲上便流走了，說明不是新鮮牛奶。

Q 23. 請根據敘述，猜猜這是哪位中國人物？

一、他自幼就有「神童」之稱，後來他做了內閣大學士，成為皇帝的顧問。

二、他是史上著名的改革家，對明代政治、軍事、經濟進行一系列的改革，整頓吏治，提高行政效率。並用名將戚繼光等，加強防禦，推行一丈鞭法，丈量土地。

三、他是萬曆年間的宰相，因常獨攬大權於一身，所以許多歷史工作者稱他為「權相」，死後因涉嫌貪污遭到抄家。

張居正。

Part 2 董教授的學分課

「萬歲」一詞最初是指何者？

美國負責外交的行政部門是外交部嗎？

人的血型是否可以改變？

仰紹文化時期的建築式樣和現在的那種建築比較類似？

中國歷史上唯一的女狀元是誰？

古今中外最有趣又有用的問題

都在這門課裡，趕緊來學習！

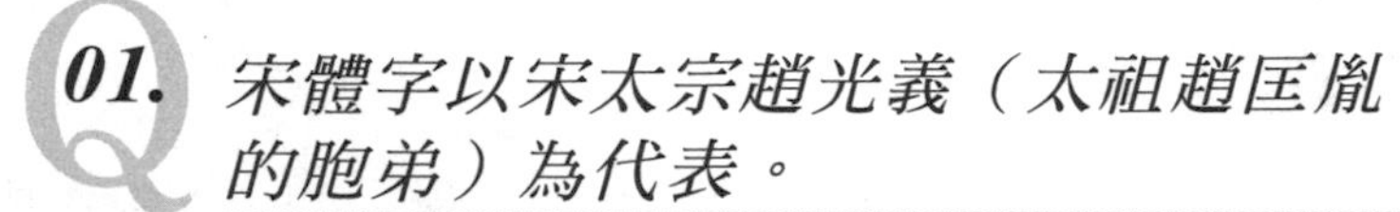

錯

宋體字的代表是宋人秦檜。

秦檜是狀元出身，曾隨高宗爲相。他不僅博學，而且在書法上造詣很深。他綜合前人書法之長自成一家，創立了宋體學。秦檜早年爲官時，聲譽還不錯。但後來在高宗手下爲相，迎合高宗偏安政策，鎭壓抗金將領，以莫須有的罪名在風波亭害死岳飛。

02. 自由女神像是法國為紀念美國獨立100周年（1876年）而送給美國的禮品。

自由女神像是法國爲紀念美國獨立而送給美國的禮品，這尊巨像的設計者是法國藝術家柏陶蒂。

Q 03. 古時「庵」裡住的一定是尼姑。

錯

古時候人們將圓形的草屋稱爲「庵」，文人墨客謙稱自己的住宅簡陋，便將屋舍稱爲「廬」，書齋稱爲「庵」。

後來隨著佛教的發展，將居住女性僧人（俗稱尼姑）的寺廟稱之爲「庵」，以示區別。

「香港」名稱中有一個「香」字，所以這個名字的由來與香料有關。

香港這個地名，與莞香很有關係。莞香即東莞縣所產之沉香。莞香銷路很廣，明朝時每年貿易額在數萬兩以上。古時香港和九龍均屬東莞管轄，所產香料品質優良，其中一種「女兒香」更被譽爲「海南珍奇」。當時香港、九龍所產沉香都從香港仔灣運往各地，所以被稱爲香港。

Q 05. 「鵲橋」有時候也被稱為「藍橋」。

錯

人們常用「鵲橋」表示夫妻相會，而用「魂斷藍橋」形容其中一方爲愛殉情。

據《史記》蘇秦列傳記載：西元前320年，蘇秦向燕王講過一個「尾生抱柱」的故事。相傳有一個叫尾生的人，與一如花似玉的女子相約於橋下會面，但女子沒來，尾生爲了不失約，就算水漲到橋面也不願離開，最後抱著橋柱死於橋下。

據《西安府志》記載，這座橋就位在陝西省藍田縣的蘭峪水上，稱爲「藍橋」。從此人們便把夫妻一方失約，而另一方殉情叫做「魂斷藍橋」。

Q 06. 美國負責外交的行政部門是外交部。

錯

1781年美國剛剛成立聯邦政府時，的確有外交部，除此之外還設立了財政部、軍政部。後來國會發現，除了外交、財政和軍事之外，還有許多內政事務需要處理，而他們又不想成立第四個專門機構。

於是就在1789年將外交部改為國務院，統管內政和外交，並將國務卿列為所有閣員之首，這個規定便沿襲至今。

07. 人們傳說羅漢錢裡含有真金，確實有這麼一回事嗎？

傳說清朝康熙年間伊黎河流域的準噶爾部叛亂，皇上派騎兵前往平定。不料部隊到了邊關，軍餉難以接濟。為解燃眉之急，軍方便到當地寺廟求援。深明大義的喇嘛以國事為重，慷慨獻出院中所有銅佛及18尊金羅漢，讓軍方熔化鑄錢。

這次鑄的錢是金銅合成，其價值超過面值，為了區別，有意把錢面上「康熙通寶」四個字中的「熙」字減一筆，以便將來收回。誰知鑄錢的秘密被洩漏出去。因為錢中含有羅漢真金，所以後世人稱為「羅漢錢」，有幸獲得者視如珍寶，很少用於交易。

Q 08. 紅玫瑰象徵愛情，與希臘神話中的愛神有關。

對

在希臘神話中，愛神愛芙羅黛蒂（Aphrodite）美若天仙，愛上了美少年阿朵尼斯（Adonis）。

阿朵尼斯在一次打獵時，被一頭兇猛的野豬咬斷了腳上的大動脈。愛芙羅黛蒂從遠方聽見阿朵尼斯的慘叫聲，不顧一切地跑去營救她的情人。山谷裡帶刺的白玫瑰劃破了愛芙羅黛蒂的腳、腿及手，鮮血一路飛灑。但愛神還是來晚了一步，阿朵尼斯就這樣死在愛芙羅黛蒂的腿上。此後染上愛芙羅黛蒂鮮血的白玫瑰便開出了紅花，變為紅玫瑰。

Q 09. 脫帽禮和舉手禮源於戰時表示友好。

脫帽禮源於冷兵器時代。當時的戰士作戰時，都要戴上頭盔。頭盔多用鐵製，十分笨重。戰士到了安全地帶，便脫下頭盔以減輕負擔。於是脫帽就意味著沒有敵意。遇到了友人爲了表示友好，也以脫盔示意。這種習慣流傳下來，就是今天的脫帽禮。古埃及友好部族的戰士相遇時，要互脫面甲，表示敬意；敵對部族的戰士，雙方爲了講和不再打仗時，也都將面甲取下，表示友好。這個推開面甲的動作，演變成了今天的舉手禮。

10. 中國境內最早的佛寺是洛陽白馬寺。

白馬寺位於洛陽東邊12公里，最初建造於東漢永平十一年（西元68年），距今已有一千九百多年的歷史，是中國最早的一座佛寺，被尊爲佛教的「祖庭」和「釋源」，有「中國第一古剎」之稱。

11. 「喝墨水」一詞最早源於考試時對「成績濫劣者」要罰喝墨水。

北齊朝廷曾下過命令，在考試時「成績濫劣者」要罰喝墨水。

《隋書・儀禮志》裡也規定：士人應試時，凡筆跡濫劣的要罰飲墨水一升。甚至當秀才、孝廉在會試時，監考官發現有「書寫濫劣」的人，也要叫他到專設的房間裡去喝墨水。這條荒唐的法規沿襲了幾個朝代，後來雖不再實行，但是以「喝墨水」多寡來形容知識的多少，卻一直沿用。

直到今日，在西方國家唸過書的人，也被稱爲「喝過洋墨水」。

12. 拿破崙兵敗滑鐵盧，政治生命從此結束，滑鐵盧位於奧地利。

滑鐵盧位於比利時。

13. 唐裝就是唐朝人的服裝。

「唐裝」是由清代常服演變而來的。「唐裝」這個稱謂，其實源於海外。盛唐時期，中國聲譽遠及海外，各國都稱中國人爲「唐人」。

外國人稱華人聚集區爲「唐人街」，自然而然地便把中式服裝叫做「唐裝」。

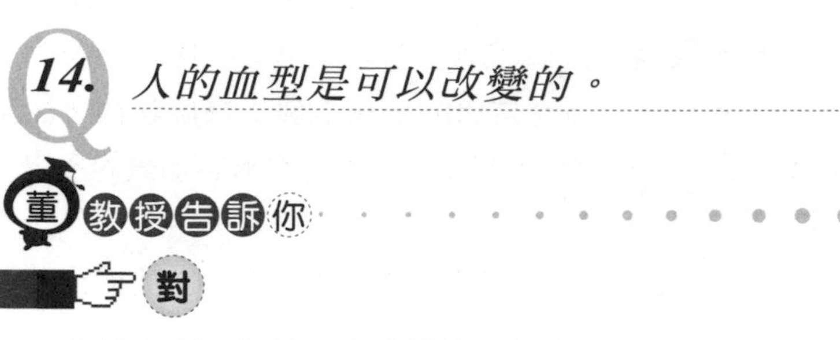

人的血型一般是不會改變的，但在一些特殊情況下，人的血型也可能發生改變。第一個特殊情況就是，移植骨髓幹細胞後的變型。人如果患了血液病，如白血病、再生障礙性貧血，就需要骨髓造血幹細胞的移植，移植後患者的血型就可能改變。

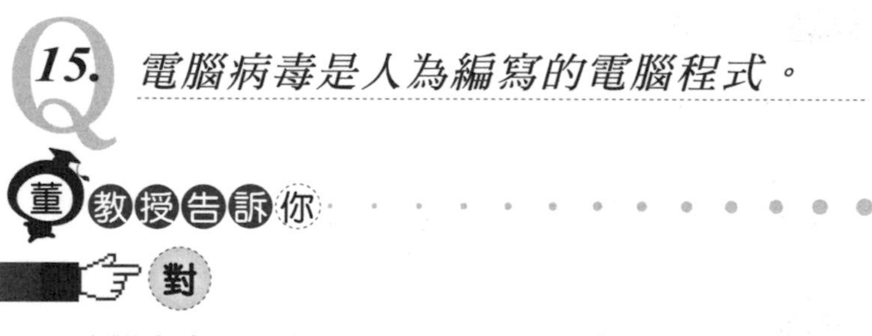

電腦病毒是一個程式。就像生物病毒一樣，電腦病毒有獨特的複製能力，電腦病毒可以很快地蔓延，又常常難以根除。

它們能把自身附著在各種類型的檔案上。當檔案被複製或從一個用戶傳送到另一個用戶時，就會隨同檔案一起蔓延開來。

Q 16. 飛機是愛迪生發明的。

董教授告訴你

錯

飛機是美國萊特兄弟於1902年發明創造的。

Q 17. 食物鏈就是大魚吃小魚，小魚吃蝦米。

董教授告訴你

對

「螳螂捕蟬，黃雀在後」，「大魚吃小魚，小魚吃蝦米」，這些諺語中就具有食物鏈的含意。

小的被大的吃食，這是生物界普遍存在的捕食方式，因而形成食物鏈，或叫做捕食鏈（也有人叫牧食食物鏈）。

Q 18. 所有細菌對人都是有害的。

董教授告訴你

錯

人們往往談細菌、病毒色變，因為它們會侵害人的肌體，讓人生病甚至死亡。其實細菌也分有益菌和有害菌，就像人體消化道內，就存在不少幫助分解、消化食物的有益菌群，比如乳酸菌等。

在逆風環境中，空氣流速明顯加快，飛機翅膀產生的上升力更大。在順風環境中，要跑很長的軌道才能有足夠速度起飛。所以大部分飛行員喜歡逆風飛行，但情況並不永遠那麼理想，所以順風逆風都行。

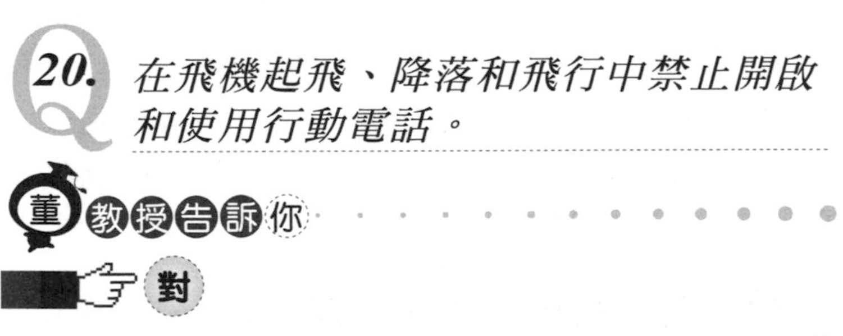

在飛機上使用這些電子裝置會干擾飛機的通訊、導航、操縱系統，也會干擾飛機與地面的無線信號聯繫，尤其在飛機起飛下降時干擾更大，即使只造成很小角度的航向偏離，也可能導致機毀人亡的後果，是威脅飛行安全的「殺手」。

Q 21. 條碼上記錄的是該商品的有關資訊。

董教授告訴你

在許多商品的包裝紙上，都有一組黑白相間的橫條圖案，這種圖案叫條碼。條碼是一種特殊的圖形，裡面包含了和商品有關的一些資訊，如生產國代碼、生產廠商代碼、商品名稱代碼等，這些圖形只有電腦才能「看」得懂。

Q 01. 「折柳」是一種什麼習俗？

A. 表示結盟的習俗　B. 表示祝福的習俗

B

「折柳送別」是古代的風俗，就是在與親友分別的時候折下一段柳枝送給即將遠行的親友，表示祝福的意思。

Q 02. 白描一詞是源自於？

A. 中國畫技法的名稱　B. 西洋畫技法的名稱

白描一詞源自於古代的「白畫」，用墨線勾勒物象，不施色彩，此派代表人物有唐代的吳道子。

03. 以下哪一項符合名菜「東坡肉」的描述？

A. 百姓烹製送給蘇東坡的肉

B. 蘇東坡烹製的肉

這是杭州的一道名菜。相傳宋代蘇東坡在杭州當官期間，有一次外出調查民情，由於事物繁多，直到陰曆十二月二十三日才動身去杭州。當地百姓爲了感激他，集資宰了數頭肥豬送給他過年。可是蘇東坡不但不收還親自下廚烹飪豬肉，挨家挨戶送給老百姓，於是當地人稱之爲「東坡肉」。後來，杭州這個地方每年除夕夜，家家戶戶都會烹製東坡肉以示紀念。

04. 鳳凰在神話傳說中是一種端莊美麗的鳥，雌鳳凰被稱為什麼？

A. 鳳　　B. 凰

鳳是雌鳥，在古代經常以鳳代指求婚之男方；而凰

是雄鳥，以凰代指求婚之女方。所以男女求婚便被稱爲鳳求凰。

05. 「爆竹聲中一歲除，春風送暖入屠蘇」，這裡的「屠蘇」指的是什麼？

A. 蘇州　　　　B. 酒

這兩句詩出自王安石的《元日》：「爆竹聲中一歲除，春風送暖入屠蘇。千門萬戶曈曈日，總把新桃換舊符。」詩中的「屠蘇」是指屠蘇酒。

06. 典故「名落孫山」的「孫山」指的是誰？

A. 中榜人的名字　　　　B. 落榜人的名字

出自宋・範公偁《過庭錄》：「吳人孫山，滑稽才子也。赴舉他郡，鄉人托以子偕往。鄉人子失意，山綴榜末，先歸。鄉人問其子得失，山曰：『解名盡處是孫山，賢郎更在孫山外。』」意思是：名字落在榜末孫山的後面，意指落榜。

07. 朝鮮族的傳統服飾是短衣長裙。短上衣斜襟，以長布帶打結，男子也穿短衣，外罩坎肩，那麼他們穿不穿長袍呢？

A. 穿　　　　　　　B. 不穿

朝鮮族不分男女都喜歡穿素白色的服裝，顯示他們喜愛清淨樸素的個性。婦女服裝，上身是白色斜襟的短衣，垂著飄帶；下身是裙子，分長裙和短裙。長裙到腳背，短裙僅過膝，又分筒裙和纏裙兩種。男子在短衣外加坎肩，下面則穿比較寬大的褲子，外出時再穿上斜襟並以布帶做紐扣的長袍。

08. 四大名著之一的《三國演義》中，「三國」是指哪三國？

A. 魏、蜀、吳　　　　　　B. 韓、趙、魏

三國是繼東漢之後出現的時代稱號，當時由於魏、蜀、吳三個國家鼎立而得名。狹義認定三國始於220年曹

魏滅東漢，結束於265年西晉滅曹魏。但史家也常以廣義認定，自184年東漢爆發黃巾之亂起便爲三國之始，以280年晉滅東吳爲終。

09. 「女大十八變」這句人人常說的話最早出自哪裡？

A. 舞台人物之口　　B. 佛家語言

「女大十八變」這句話一般都用來指女孩從小到大容貌的巨大變化，大多是用來誇讚的。這句俗語最早是佛家語言，原指龍女通神善變。據《景德傳燈錄・幽州譚空和尚》中記載，有一女尼想開堂說法，就去問師父，師父答道：「尼女家不用開堂。」女尼反問道：「龍女八歲成佛，又怎講？」師父說：「龍女有十八變，你與老僧試一變看看。」

10. 下面哪句詩的作者離開家的時間較長？

A. 人歸落雁後，思發在花前

B. 兒童相見不相識，笑問客從何處來

B

「兒童相見不相識，笑問客從何處來」出自賀知章的《回鄉偶書》，全詩內容：「少小離家老大回，鄉音未改鬢毛衰。兒童相見不相識，笑問客從何處來？」點出他闊別家鄉多年的惆悵心思。

11.「玉不琢，不成器。人不學，不知義。」是出自《三字經》嗎？

A. 是　　　　B. 不是

A

這是《三字經》中的名句。意思是：玉石不經過雕琢，就不能用來做器物。人不學習，就不明事理。玉石原本包裹在其貌不揚的岩石裡，必須經過打磨、雕刻、拋光、鑲嵌等工序，才能變成無價之寶。人要成為有用之才，也要經過勤學苦練、承受各種考驗和壓力，才能明白什麼是美好的品德。

Q 12. 「有眼不識泰山」中的泰山指以下哪一項？

A. 山東境內的泰山　　B. 一個有名的木匠

B

這裡的泰山指的是古代一位木匠，相傳是魯班門下遭到淘汰的徒弟。一次，魯班在市集上發現有一些竹具的製作技藝高超，於是想結識這位高人，想不到竟是當年被他趕出門的徒弟泰山，於是他深感愧疚地說道：「我真是有眼不識泰山啊！」

13. 「春蠶吐絲」是關於中國畫的詞語，用於形容哪一種畫的特徵？

A. 山水畫　　B. 人物畫

「春蠶吐絲」用於形容人物畫的特徵，最初是指顧愷之的人物線條宛如「春蠶吐絲」，意思是畫出的線條細韌柔和、連綿不輟。

14. 人們把非常瞭解自己的人稱為「知音」，請問「知音」一詞源於哪兩個人的情誼？

A. 梁山伯與祝英台　　B. 俞伯牙和鐘子期

戰國時，晉國大夫俞伯牙善於彈琴，鐘子期善於聽琴，二人因音樂而交好。

15. 「萬歲」一詞最初是：

A. 皇帝之「別稱」　　B. 用作歡呼、祝賀

「萬歲」一詞，起初並非皇帝之「別稱」，而是用做歡呼、祝賀的詞語。

歷史上有：藺相如持璧入秦，秦王喜，左右呼萬歲；漢將軍紀信假乘漢王車，舉漢王旗曰：「食盡，漢王降」，楚軍皆呼萬歲等等。

Q 16. 中國古代有位名醫活到100歲，被稱為「百歲神醫」，他是：

A. 扁鵲　　　　B. 孫思邈

唐朝時陝西有位名醫叫孫思邈（西元581～682年），擅長治療各種疑難雜症，救活了很多垂危病人。他活到了101歲，歷史上稱他爲「百歲神醫」。

Q 17. 《西遊記》中的火焰山位於哪裡？

A. 甘肅　　　　B. 新疆

B

吐魯番窪地夏季炎熱，素有「火州」之稱。盆地中部有座紅色砂岩構成的低矮山脈，猶如火焰，那就是著名的「火焰山」。

Q 01. *文房四寶是筆、墨、紙、硯四種文具的統稱，無論是書法還是繪畫，都少不了它們。這些文具製作歷史悠久，樣式繁多，歷代都有著名的製品和工匠大師。請問安徽涇縣出產的是哪一種文具？*

A. 徽墨　　B. 宣紙　　C. 湖筆

安徽涇縣（舊屬宣州）以生產紙張揚名；安徽歙縣則以產徽墨著名；浙江吳興則是湖筆的產地。

Q 02. *以下哪一種表演，是在14世紀由中國傳到日本的「散樂」，最後演變為以音樂和舞蹈為主的戲劇形式？*

A. 狂言　　B. 能樂　　C. 猿樂

B

早在奈良時期，由中國傳到日本的「散樂」，也稱「猿樂」、「申樂」。經過平安時期後，逐漸從單純的俗樂演變爲含有多種雜藝的表演藝術。到了14世紀後逐漸向兩個方向演化，一種演變爲以音樂和舞蹈爲主的「能樂」，另一種則演變爲以科白爲主的笑劇「狂言」。

Q 03.「變臉」是哪一省的戲劇絕活？

A. 川劇　　B. 越劇　　C. 豫劇

A

變臉是川劇中塑造人物的一種特技，是揭示劇中人物內心思想感情的一種浪漫主義手法。相傳「變臉」是古代人面對兇猛野獸時，爲了生存只好用不同的方式在臉上勾畫出不同形態，以嚇唬入侵的野獸。川劇將「變臉」搬上舞台，並運用絕妙的技巧發展出這樣一門獨特的藝術。

04. 羅丹（Auguste Rodin）是19世紀法國最偉大的雕塑藝術家，他的第一件作品是以下哪一項？

A. 《沉思者》

B. 《傷鼻的男子》

C. 《青銅時代》

羅丹出身貧寒，十幾歲就靠著製作石雕裝飾維持生活。他的第一件作品是《傷鼻的男子（L’homme au nez cassé）》。他的現實主義作品《青銅時代》一問世就引起了激烈的爭論。1880年，他創做出獨具風格的人體雕像《沉思者》。

05. 被稱作「法國號」的樂器是什麼？

A. 圓號　　B. 長號　　C. 短號

管弦樂器中的法國號又名圓號，是最美觀迷人的樂

器之一，也被認爲是最難演奏的樂器。銀製（或銅製）的號管長達3.7公尺（12英呎），綣繞成圓形。法國號屬於銅管樂器，音色溫暖柔和，但亦可吹出較高的音調。因爲可同時吹出兩種號角的聲音，故又稱爲雙號。

Q 06. 京劇中，飾演性格活潑、開朗的青年女性被稱為什麼？

A. 青衣　B. 花旦　C. 彩旦

花旦角色多爲性格活潑明快或潑辣放蕩的青年或中年女性，與正旦相對應。造型要求嫵媚清麗、嬌憨活潑，多念散白，重做功，重神采，不重唱功但要求唱腔秀麗靈巧。

Q 07. 達文西的肖像畫《蒙娜麗莎》是哪一種繪畫作品？

A. 油畫　B. 版畫　C. 水彩畫

油畫是用易乾的油料與研磨過的顏料調和後，在亞

麻布或木板上所作的畫。油畫展現豐富的色彩效果，蒙娜麗莎的微笑精妙地表達人物的內心感受和微妙表情，更是令億萬人傾倒。而版畫是指木刻、石刻、麻膠版畫等一系列創作方式的總稱。水彩畫則是用毛筆將可溶於水的顏料畫於紙上的創作方式。

岳飛在《滿江紅》中，有一句「笑談渴飲匈奴血」，其中「匈奴」指的是以下哪一族？

A. 匈奴統治者　B. 女真統治者　C. 契丹統治者

岳飛在滿江紅中寫下「笑談渴飲匈奴血」，但在南宋之前，匈奴這個民族不是已經消失了嗎？那麼岳飛那個時代，哪來的匈奴人呢？其實這是借代的描述手法，以匈奴來代表北方的遼金。

09. 「大珠小珠落玉盤」所形容的是什麼樂器的彈奏聲？

A. 琵琶　　B. 古琴　　C. 古箏

「大珠小珠落玉盤」出自白居易的《琵琶行》第二段，從「轉軸撥弦三兩聲」到「唯見江心秋月白」共二十二句，描述琵琶女的高超演技。其中「轉軸撥弦三兩聲」，是正式演奏前的調弦試音；而後「弦弦掩抑聲聲思」，「低眉信手續續彈」描述曲調的悲愴，寫出舒緩的行板；「輕攏慢捻抹復挑」，則都是彈奏琵琶的手法。

10. 中國史上最早的白話長篇章回小說是哪一本？

A.《水滸傳》　　B.《三國演義》　　C.《紅樓夢》

《水滸傳》又名《忠義水滸傳》，以農民戰爭為主要題材，文學地位極高。

成立於1548年，全世界歷史最悠久的交響樂團是哪一個？

A. 維也納愛樂管弦樂團

B. 波士頓交響樂團

C. 德勒斯登管弦樂團

德勒斯登管弦樂團，至今已有450多年的輝煌歷史。這樣一個歌劇院管弦樂團，在其極富傳奇色彩的發展史上，有著不勝枚舉的傲人成績。包括瓦格納、理查・史特勞斯在內，幾乎大部分著名歌劇家的作品，都是在德勒斯登國立歌劇院管弦樂團的演奏中首演，並流傳後世。

魯迅口中說過，以下哪一部作品是一部「半真半假的書籍」？

A. 《晉紀》　　B. 《洛陽伽藍記》　　C. 《搜神記》

《搜神記》這部書，據《隋書・經籍志》、《舊唐

書・經籍志》和《新唐書・藝文志》記載原為30卷，流傳到宋代之後，原書便亡佚了。今本《搜神記》共20卷，是由後人綴輯增益而成。

13. 「紅娘」是以下哪部作品中的人物？

A.《西廂記》　B.《牡丹亭》　C.《桃花扇》

紅娘的形象藉由《西廂記》開始廣為流傳。紅娘敢與封建禮教鬥爭，促成美滿婚姻，因此她的形象在文學和人們的生活中，都留下深刻的影響。

14. 1977年，美國發射的太空船中載著一張鍍金唱片，其中錄有哪首中國樂曲？

A.《十面埋伏》　B.《二泉映月》　C.《高山流水》

《高山流水》取材於「伯牙鼓琴遇知音」，有多種譜本。有琴曲和箏曲兩種，兩者同名異曲，風格完全不同。

15.「七子」是指東漢建安時代文學創作上卓有成就的七位作家，「七子之冠冕」是指其中的誰？

A. 孔融　B. 王粲　C. 徐幹

「建安七子」是指：孔融、陳琳、王粲、徐幹、阮瑀、應瑒、劉楨。王粲能詩善賦，與其他六人相比是其中的佼佼者。七子中孔融年輩最高，曾被稱爲漢末孔府中的「奇人」，以散文爲其文學主要成就。

16.《格林童話》裡「灰姑娘」的故事大家都不陌生，請問灰姑娘去參加舞會時所坐的馬車是什麼東西變的？

A. 南瓜　B. 西瓜　C. 冬瓜

《格林童話》在德國文壇中佔有很重要的一席之地。自1812年問世以來，已被譯成近100種文字，在世界各國廣泛流傳。

Q 17. 代表法國畫壇後印象派的人物是誰？

A. 畢卡索　　B. 塞尚　　C. 德拉克洛瓦

B

塞尚與早期印象派的關係破裂，後來透過和諧簡潔的色彩風格來表現情感和生命，他運用球體、錐體和圓柱體來處理自然現象，形成自己獨特的風格。另外，畢卡索是法國現代畫派的代表；德拉克洛瓦則是法國浪漫主義畫派的代表。

在古代詩歌中被稱為「雙璧」的兩篇詩歌，其中一篇是《孔雀東南飛》，另一篇是什麼？

A. 《木蘭詩》　　B. 《長恨歌》　　C. 《琵琶行》

「樂府雙璧」即《木蘭詩》和《孔雀東南飛》。《木蘭詩》又名《木蘭辭》，是北朝民歌；《孔雀東南飛》，是古樂府民歌的代表作之一，也是目前保存下來最早的

長篇敘事詩。《木蘭詩》爲北朝民歌，也是古典詩歌中不可多得的優秀敘事長詩之一，選自宋代郭茂倩所編的《樂府詩集》，長達三百餘字。

Q 19. 「問世間，情是何物，直教生死相許」語出以下哪一首詩詞？

A. 《摸魚兒》　B. 《浣溪沙》　C《葬花吟》

A

出自元好問的《摸魚兒》。

Q 20. 「白雪公主」這個形象最早來自於以下哪一部書籍？

A. 《格林童話》

B. 《安徒生童話》

C. 《伊索寓言》

B

《安徒生童話》是丹麥作家安徒生的創作。《安徒生童話》中有許多膾炙人口的故事，如：《白雪公主》、《醜小鴨》、《拇指姑娘》、《賣火柴的小女孩》和《國王的新衣》等。

Q 21. 「打油詩」中的「打油」兩字起源是什麼？

A. 人名　B. 地名　C. 官名

據載，唐代有一位詩人叫張打油，專愛寫一些淺白通俗的詩，於是後人便常把自己做的詩謙稱爲「打油詩」。

Q 22. 「餘音繞梁，三日不絕」本意是稱讚什麼？

A. 歌聲　B. 琴聲　C. 講學的聲音

語源於《列子》中的一個故事：周朝時，韓國女歌手韓娥來到齊國，路過雍門時斷了錢糧，無奈只得賣唱求食。她淒婉的歌聲在空中盤旋，如孤雁長鳴。韓娥離去都已經三日，其歌聲仍迴盪在屋樑之間，令人難以忘懷。

23. 中國戲曲臉譜最早出現在隋唐時期的哪種樂曲之中？

A. 雅樂　　B. 燕樂　　C. 清商樂

隋唐時期的音樂文化光輝燦爛，繁盛的燕樂便是主要標誌。燕樂是宮廷宴飲享樂時所用的音樂；雅樂是祭祀典禮和朝會中用的；清商樂是三國兩晉南北朝時期由相和歌發展而來的，是融合南北，前承秦江後啓隋唐的一種新風格音樂。

24. 「出人頭地」最初指的是哪位文人高人一籌？

A. 歐陽修　　B. 蘇軾　　C. 陸遊

宋朝歐陽修主持科舉考試，看到蘇軾的應試文章十分讚賞，後又讀了蘇軾送來的另一些文章，更加喜愛。歐陽修在給他朋友的信中說：「讀軾書，不覺汗出，快哉快哉！老夫當避路，放他出一頭三地也。」後簡化爲「出人頭地」。

Q 25. 「偉大人格的素質，重要的是一個誠字。」這句話是誰說的？

A. 魯迅　　B. 巴金　　C. 張愛玲

A

魯迅，字豫才，原名周樹人，浙江紹興人。是近代偉大的文學家、思想家、革命家。「魯迅」是他在1918年發表中國現代文學史上頭一篇白話小說《狂人日記》時所用的筆名。

Q 26. 人類最古老的繪畫形式是什麼？

A. 帛畫　　B. 壁畫　　C. 浮雕畫

B

壁畫是歷史最悠久的繪畫形式，分爲粗地壁畫、刷地壁畫和裝飾壁畫等幾種。在青海藏傳佛教寺院中，壁畫也是必不可少的內容。

Q 27. 神話《白蛇傳》中「白娘娘盜仙草」，盜的是什麼呢？

A. 靈芝　B. 雪蓮　C. 人參

《白蛇傳》中，白娘娘因在重陽節飲雄黃酒，而現出了原形，把許仙嚇死了。她爲了救夫，只好去偷採由仙鶴童子看守的靈芝仙草。白娘娘盜仙草指的正是這一段。

四選一

01. 《水滸傳》中「滸」的含義是：

A. 水邊　　B. 水波

C. 眾多　　D. 波濤洶湧，引申為反抗

《水滸》中描寫的梁山泊位於山東境內，北宋之後成爲農民起義的根據地。水滸的「滸」意爲水邊，指梁山好漢的根據地。

02. 下列哪個成語典故所描述的是呂不韋的故事？

A. 一字千金　　B. 一諾千金

C. 一飯千金　　D. 一擲千金

《史記》中有載：西元前239年，即秦王嬴政八年的某一天，秦國首都的城門特別熱鬧，人如潮湧。到底發生什麼事情了呢？原來城門樓上掛滿了成片寫滿文章的竹簡。城門上貼著告示：如果有人能將此書增刪任何一個字，就賞賜給他千金。然而一連好幾天過去了，仍沒有人能夠得到這千金。難道這部書真的就這麼完美無缺嗎？其實不然，這部書的作者其實是當時身爲秦國宰相的呂不韋，誰敢在太歲爺頭上動土呢？這就是「一字千金」的由來，而這部無價寶書就是《呂氏春秋》。「一字千金」的意思就是增損一字，賞賜千金，意思是稱讚文辭精妙，不可更改。

03. 「新年納餘慶，嘉節號長春」是中國的第一幅春聯，請問作者是誰？

A. 諸葛亮　　B. 陶淵明

C. 孟昶　　D. 曹植

西元964年春節前夕，後蜀主孟昶下令要大臣在畫有神像的桃木板（古稱「桃符」，舊時認爲可以避邪）上題寫對句，以試才華。可是，孟昶對大臣們寫好的對句都不滿意。於是他親手提筆，在桃符板上寫了：「新年納餘慶，佳節號長春。」這就是中國有文字記載以來最早的一副春聯。

Q 04. 「有緣千里來相會」常用來形容婚戀、交友、做事，或為達到某種目的必須講求機緣。其實這個「緣」是由什麼演化而來？

A. 圓　　B. 源

C. 園　　D. 猿

有一則有趣的故事：據說在很久以前，一位富家女的寶簪被一外地客商所養之猿拾得，該客商因此有緣與富家女結爲夫妻。豈料在新婚之日，猿因偷吃食物被客商殺死，富家女覺得客商忘恩負義，斬釘截鐵地說：「我們是有『猿』千里來相會，無『猿』對面不相逢。」遂將客商趕出洞房。這門婚事就這樣告吹。

由於「猿」和「緣」是諧音，後來就演化成「有緣千里來相會，無緣對面不相逢」。

Q 05. 「諱疾忌醫」中的醫生是以下哪一位？

A. 扁鵲　　B. 李時珍

C. 華佗　　D. 張仲景

出自《韓非子・喻老》，蔡桓公有疾但卻不肯聽醫生扁鵲的勸告，最終病重而亡。

06. 中國古代小說源遠流長，小說在唐代叫做什麼？

A. 傳奇　　B. 話本

C. 擬話本　　D. 小說

中國的小說，同其他國家或民族的小說一樣也是源於神話與傳說。小說的發展，歷經東周前秦的古代神話小說、漢晉六朝的志人志怪小說、隋唐的傳奇小說、宋元的話本小說、明清的章回小說、現代的白話小說，約三千多年的洗禮。值得我們注意的是，唐代傳奇的出現正是中國古典小說臻至成熟的里程碑。

07. 「嘆為觀止」的本意是讚美什麼東西盡善盡美？

A. 文章　　B. 風景

C. 音樂與舞蹈　　D. 建築物

「嘆爲觀止」出自先秦・左丘明《左傳・襄公二十九年》：「吳公子劄來聘……請觀於周樂。……見舞《韶箾》者，曰：『德至矣哉，大矣！如天之無不幬也，如地之無不載也。雖甚盛德，其蔑以加於此矣，觀止矣。若有他樂，吾不敢請已。』」讚美眼前所見的事物好到了極點。

08. 在唐代以前就有春捲，只是那時被稱為什麼？

A. 春條　　B. 春餅

C. 春麵　　D. 春盤

當時人們每到立春這一天就將麵粉製成薄餅攤在盤

中，加上精美蔬菜一起食用，故稱爲「春盤」。明清時期隨著烹調技術的發展，春盤演變成了春捲。這時候春捲不僅僅是民間小吃，還是宮廷糕點呢。

09. 「黃道吉日」是以哪種天體來推斷吉凶的？

A. 星象　　B. 月亮

C. 太陽　　D. 地球

舊時以星象來推算吉凶，謂青龍、明堂、金匱、天德、玉堂、司命六個星宿屬於吉神，六辰值日之時，諸事皆宜，不避凶忌，稱爲「黃道吉日」，泛指宜於辦事的好日子。

10. 「吃醋」表示男女間「嫉妒」的的意思，請問「吃醋」的由來與誰有關？

A. 房玄齡　　B. 魏徵

C. 寇準　　D. 狄仁傑

根據史書記載，房玄齡是唐太宗身邊的一位大功臣，在唐朝開國時期立下了汗馬功勞。因爲功勳卓越，唐太宗封他爲梁國公，並想送給他幾名美女爲妾。房玄齡的夫人堅決反對，即便是皇后勸說也起不了作用。最後皇帝派人帶了一壺酒向房夫人傳話，如果再不同意就請吃毒酒自殺，房夫人毫無畏懼，端酒而飲。然而她並沒有死，因爲壺裡裝的是濃醋而不是酒。這就是「吃醋」一詞的由來。

11. 古代的書籍叫「簡冊」，其中「簡」是用於書寫的狹長形竹木片，若干個「簡」編連起來就成為「簡冊」。請問簡冊該如何書寫？

A. 用毛筆寫　B. 用刀刻字

C. 先用毛筆寫再用刀刻　D. 用火烤字

簡冊一般是用毛筆蘸上墨汁在竹片上書寫而成。由於墨汁中含有膠質，而竹木片的長纖維利於保留墨汁的顏色，所以不容易掉色。

Q 12. 仰紹文化時期的建築式樣和現在的那種建築比較類似？

A. 竹樓　　B. 窯洞
C. 四合院　　D. 吊腳樓

窯洞是黃土高原的民居，類似原始人穴居的傳統，與距今約5000年前的仰韶式建築不謀而合。

Q 13. 「詩中有畫」、「畫中有詩」是誰對誰的評論？

A. 鐘嶸對陶淵明　　B. 蘇軾對王維
C. 歐陽修對李白　　D. 王國維對蘇軾

王維是唐代的傑出詩人，他工詩善畫，又精通音樂，以畫、樂之理融會於詩中。蘇軾在《書摩詰藍田煙雨詩》中說：「味摩詰之詩，詩中有畫；觀摩詰之畫，畫中有詩。」

14. 古代的詩人或者詞人喜歡自號為「某某居士」，請問「青蓮居士」是誰？

A. 白居易　　B. 李白

C. 李清照　　D. 辛棄疾

B

李白是青蓮居士，白居易是香山居士，李清照是易安居士，辛棄疾是稼軒居士。

15. 被古代少數民族尊為「天可汗」的人是誰？

A. 唐高祖　　B. 唐玄宗

C. 唐穆宗　　D. 唐太宗

D

唐太宗時期加強了漢族與少數民族的聯繫，以及對西北等地區的管轄，因此獲得周邊很多民族的擁護和愛戴，他們紛紛將唐太宗尊爲「天可汗」，意思就是「像天一樣偉大的領袖」。

16. 從何時起，最高統治者開始被稱「王」？

A. 夏　　B. 商

C. 春秋　　D. 周

根據文獻資料記載，對最高統治者稱「王」是從商代開始，而不是夏代。因爲商代之後，王權彰顯，於是開始稱最高君主爲「王」。

17. 酒在中國的歷史很悠久，請問最早開始用糧食釀酒是什麼時候？

A. 東周　　B. 西周

C. 東漢　　D. 西漢

杜康是用糧食釀酒的鼻祖，杜康是東周人。

Q 18. 「筵席」二字總是與美食、宴會形影不離，請問這個詞語最初的意思是指什麼？

A. 餐桌　　B. 坐具

C. 裝飾物　　D. 餐具

筵席，是宴飲活動時成套菜餚及其檯面的統稱。古人席地而坐，筵和席都是宴飲時鋪在地上的坐具。後來筵席一詞逐漸由宴飲的坐具演變爲酒席的統稱。

Q 19. 「東山再起」這個典故出自：

A. 曹操　　B. 劉備

C. 謝安　　D. 孔子

東山再起的典故出處是《晉書・謝安傳》。指的是東晉的謝安重新出仕爲官的故事，因爲謝安久居東山，所以稱爲「東山再起」。

Q 20. 主張人性本善的是孟子，那麼主張性惡說的是誰？

A. 老子　　B. 孔子

C. 孫子　　D. 荀子

荀子在性惡篇劈頭就說：「人之性惡，其善僞也。」

這裡「僞」即「爲」字之意。就是說：人性本是惡的，但其所以善是人爲的。他對「性」「僞」劃分很清楚，認爲人順本性去做，一定鬧出亂子來，必須靠教育禮法來裁制及誘導才不致爲惡。

Q 21. 明朝至清朝初年間皇帝居住在紫禁城內的什麼地方？

A. 太和殿　　B. 保和殿

C. 乾清宮　　D. 中和殿

「乾清」二字取自唐代韓愈《六合聖德詩》中的詩句「乾清坤夷」，意思就是天下清和，各地平安。在明

朝和清朝初年，皇帝的寢宮一直都是這裡，到了雍正皇帝以後才挪到養心殿，此後乾清宮就成了皇帝聽政的地方。

Q 22. 孟子說：「不以規矩，無以成方圓。」你知道規和矩是什麼東西嗎？

A. 尺　　B. 鞭子

C. 繩子　　D. 方、圓的校正器

「規」是一種玉製的尺，「矩」是一種最基本的測量工具。中國是一個講規矩的國家，規矩的直接含義就是圓規直尺，而延伸的意義就是指法規和準則。

Q 23. 自古以來我們就把禾（小米）、稻、稷（高粱）、麥、菽（豆）稱為「五穀」，那麼有「五穀之首」之稱的是：

A. 禾　　B. 稻

C. 稷　　D. 麥

因爲在糧食作物中水稻占了大宗，全世界約有60%的人口以稻米爲主食。

24.「荊軻刺秦王」講的是戰國末期燕國勇士荊軻刺殺秦王的故事，荊軻晉見秦王時把匕首藏在哪裡？

A. 袋子裡　　B. 懷裡

C. 袖子裡　　D. 地圖裡

原文「軻既取圖奉之，發圖，圖窮而匕首見。」是說：「荊軻拿了地圖捧送給秦王，打開地圖，當地圖全部打開，匕首就露了出來。」

25.「十惡不赦」常用來形容罪大惡極、不可饒恕的人。請問「十惡不赦」之首是：

A. 謀叛　　B. 謀反

C. 謀大逆　　D. 內亂

古代「十惡」罪的內容是：

1.謀反，指企圖推翻朝政。歷來都被視爲十惡之首。

2.謀大逆，指毀壞皇室的宗廟、陵墓和宮殿。

3.謀叛，指背叛朝廷。

4.惡逆，指毆打和謀殺祖父母、父母、伯叔等尊長。

5.不道，殺無死罪之虞者三人以上，甚至肢解人體。

6.大不敬，指冒犯帝室尊嚴。

7.不孝，指不孝祖父母、父母，或在守孝期間結婚、作樂等。

8.不睦，即謀殺親族，或毆打、控告丈夫等。

9.不義，指官吏之間互相殺害，士卒殺長官，學生殺老師，聞丈夫死而不舉哀或立即改嫁等。

10.內亂，指親屬之間通姦或強姦等。

Q 26. 古代刑罰規定一般在什麼時候執行死刑？

A. 秋冬行刑　　B. 立春行刑

C. 春分期間行刑　　D. 斷屠月行刑

把死刑安排在秋冬兩季執行，這是在中國古代陰陽五行說的理論之下形成的制度。

秋冬行刑雖爲歷代通例，但也有個別朝代，如秦代，四季均可行刑。各朝實際期限也不一致，也曾有少數統治者破壞這一通例。

Q 27. 「入木三分」這個典故原意用來形容：

A. 文章深刻　　B. 雕刻技術高
C. 書法筆力強勁　　D. 射箭本領好

有一次，皇帝要到北郊去祭祀，要王羲之把祝詞寫在一塊木板上，再派工人雕刻。工人在雕刻時非常驚奇，王羲之寫的字，筆力竟然滲入木頭三分多。他讚嘆道：「真是入木三分呀！」

28. 古時候男子到了20歲會舉行「冠禮」表示成年。那麼古時候女子到了幾算成年呢？

A. 22 歲　　B. 20 歲
C. 18 歲　　D. 15 歲

古時候女孩子15歲起便盤髮插笄，表示成年。

Q 29. 中國歷史上唯一的女狀元是：

A. 蘇小妹　　B. 梁紅玉
C. 謝道韞　　D. 傅善祥

中國歷史上才女很多，但從唐代開始實行科舉到清末廢止爲止，歷代封建王朝中並無任何一名女子。

唯一的女狀元產生於太平天國時期，因爲太平天國提倡男女平等，自起事以來就建有由女官負責統領的女營。定都天京後，爲了選取有才幹的女子參與行政工作，曾在太平天國癸丑三年（1853年）特別舉行女子科考，並錄取傅善祥爲第一。傅善祥是金陵人，時年20歲，很有才華。

Q 30. 北京有名的「大碗茶」是在什麼朝代開始出現的？

A. 宋朝　　B. 元朝
C. 明朝　　D. 清朝

C

明代末年大碗茶開始出現在北京街頭，主要服務對象是勞力工作者或沒有時間上茶館消費的民眾，是當時暑天解渴的大眾化飲料，並被列入三百六十行中的一個行業。

31. 參加第一次世界大戰的有多少國家？

A. 28　　B. 33

C. 35　　D. 42

B

1914年6月，奧國皇太子在塞拉耶佛被刺殺，點燃了戰爭的導火線，同年8月爆發第一次世界大戰。戰爭延續了4年，席捲大半個地球，有33個國家、15億居民先後捲入戰爭，據統計共1000萬人戰死，2000萬人受傷。

32. 中國最早使用軍鴿是哪個朝代？

A. 先秦　　B. 西夏

C. 春秋　　D. 戰國

我國最早使用軍鴿的記載是在1041年2月，當時西夏與北宋正在交戰，史稱「好水川之役」。它是古代戰爭史上以軍鴿預警並制勝的先例。

Q 33. 「初出茅廬」中的「茅廬」，是指哪個歷史人物的家？

A. 劉備　　B. 司馬遷

C. 司馬光　　D. 諸葛亮

劉備曾「三顧茅廬」請諸葛亮出仕，這裡的「茅廬」就是指諸葛亮的家。

34. 黃瓜是一種含有多種維生素和蛋白質等營養物質的蔬菜，它原產於：

A. 印度　　B. 泰國

C. 中國　　D. 日本

A

黃瓜，別名胡瓜、王瓜，在華南地區按種類和果實外觀又稱青瓜、吊瓜。黃瓜原產於喜馬拉雅山南麓的印度地區，3000年前就開始栽種。隨著民族間的遷移和往來，黃瓜開始由原產地向世界各地傳播。

Q 35. 手鼓是來自哪個地區的打擊樂器？

A. 新疆　　B. 雲南

C. 內蒙古　　D. 西藏

A

手鼓也叫達蔔，因爲用手敲擊時發出像「達」、「蔔」兩種聲音而得名，是新疆地區少數民族的打擊樂器。以桑木做出木框，單面蒙上羊皮或蟒皮，框內側綴有小鐵環。演奏時雙手扶框，除拇指外，其他各指均可以拍擊鼓面。

Q 36. 「廣告」一詞來自哪一個語言？

A. 英文　　B. 義大利文

C. 阿拉伯文　　D. 拉丁文

D

「廣告」一詞原意是「大喊大叫」，傳說古羅馬商店常常雇一些人在街頭大喊大叫，引得大家到商品陳列處購買商品，因而得名。

Q 37. *圓舞曲又稱華爾滋，它起源於哪個國家？*

A. 奧地利　　B. 義大利

C. 匈牙利　　D. 西班牙

A

圓舞曲又名華爾滋，是一種三拍子的舞曲，起源於奧地利的民間舞蹈。起初流行於維也納的舞會上，19世紀始風行歐洲。

Q 38. *金庸小說其中一部書名為《天龍八部》，請問這個書名含義為何？*

A. 武術招式　　B. 佛教名詞

C. 宗教派別　　D. 人物綽號

《天龍八部》一開始就有解釋：八部者，一天，二龍，三夜叉，四乾達婆，五阿修羅，六迦樓羅，七緊那羅，八摩羅迦。

Q39. *以下哪一個選項可稱為中華文化中「人類學研究的文本」？*

A. 儺戲　　B. 湘劇

C. 巴陵戲　　D. 荊河戲

儺戲是由儺祭、儺舞發展起來的戲曲樣式，不僅將宗教與藝術結合，藉以娛神娛人，並且充滿古樸、原始、獨特的風格。儺戲一直在民間傳承，成爲儺文化的重要證據。由於儺戲包含著許多人類原始文化的資訊，因此被專家稱爲「研究文化和人類學的文本」。

40.「慘澹經營」是形容為了從事某項事業，煞費苦心去謀劃。但這個成語最初指的其實是什麼？

A. 軍事布政　　B. 政治謀略

C. 舞蹈表演　　D. 繪畫構思

杜甫的《丹青引贈曹霸將軍》描述盛唐著名畫馬大師曹霸為唐玄宗的御馬花玉驄作畫，其中寫道：「先帝天馬玉花驄，畫工如山貌不同。是日牽來赤墀下，迥立閶闔生長風。詔謂將軍拂絹素，意匠慘澹經營中。斯須九重真龍出，一洗萬古凡馬空。」文中「慘澹」同慘淡，黯淡無色的意思。意思是說作畫前，只以淺色勾勒出輪廓後，便落筆揮灑地畫了出來。

41. 「一問三不知」中的「三不知」最早是指哪「三不知」？

A. 天、地、人　　　B. 鄰里、親朋、好友

C. 儒、釋、道三教　　　D. 事情的開始、經過、結果

這句話的出處是《左傳・哀公二十七年》：「君子之謀也，始中終皆舉之，而後人焉。今我三不知而入之，不亦難乎？」而「一問三不知」就是從這裡概括出來的，它的原意是對某事的開始、發展、結果都不知道。如今多用來表示對實際情況的一無所知。

Q 01. 將下列成語和相關人物連接起來。

A. 百步穿楊	項羽
B. 慷慨悲歌	班超
C. 投筆從戎	養由基

A. 百步穿楊——養由基；
B. 慷慨悲歌——項羽；
C. 投筆從戎——班超。

Q 02. 下列典故與哪些名將有聯繫？

A. 投筆從戎　B. 火燒連營
C. 火燒赤壁　D. 中流擊楫
E. 十面埋伏

A. 班超；B. 陸遜；C. 周瑜；D. 祖逖；E. 韓信。

Q 03. 請答出下列成語典故出自何人？

A. 火牛破敵　　B. 背水列陣

C. 斬雞演武　　D. 破釜沉舟

A. 田單；B. 韓信；C. 孫武；D. 項羽

Q 04. 將下列成語和相關人物連接起來。

A. 橫槊賦詩	藺相如
B. 完璧歸趙	曹操
C. 退避三舍	晉文公重耳

董教授告訴你

A. 橫槊賦詩——曹操；B. 完璧歸趙——藺相如；C. 退避三舍——晉文公重耳。

Q 05. 哪三部書總稱「三玄」？

《老子》、《莊子》、《周易》。

Q06. 傳說中的斑竹是怎樣形成的？

舜的妃子的眼淚所染成。

Q07. 請你說出與下列成語有關的歷史人物。

A. 罄竹難書　　B. 世外桃源

C. 姜太公釣魚，願者上鉤　　D. 四面楚歌

A. 隋煬帝；B. 陶淵明；C. 姜太公；D. 項羽。

Q08. 春秋戰國時期「圍魏救趙」，是哪個國家攻趙國，哪個國家救趙國？

董教授告訴你

魏國；齊國。

Q 09. 八卦的八種符號「乾，坤，震，巽，坎，離，艮，兌」各代表什麼物質現象？

董教授告訴你

天、地、雷、風、水、火、山、澤。

Q 10. 你知道「知己知彼，百戰不殆」這句名言是古代哪位軍事家在哪部著作中的哪一部分裡第一次提出來的？

董教授告訴你

孫武；《孫子兵法》；《謀攻篇》。

Q 11. 請將下列相關的內容用直線連接起來。

太平天國運動	地主階級
自強運動	農民階級
辛亥革命	無產階級
五四運動 、	資產階級

董教授告訴你

太平天國運動——農民階級；自強運動——地主階級；辛亥革命——資產階級；五四運動——無產階級。

Q12. 將人物與學派畫線聯起來。

孔子	儒家
老子	墨家
墨子	道家
孟子	法家
荀子	
莊子	
韓非子	

孔子、孟子、荀子——儒家；墨子——墨家；老子、莊子——道家；韓非子——法家。

Q13. 甘肅酒泉因何得名？

漢代大將軍霍去病將御賜美酒倒入泉中與士兵共飲。

Q14. *某艘太空船載著部落客來到月球遊覽，部落客在遊記中寫道：「月球真是個奇妙的地方，在這裡我整天可以見到星星。」請問部落客寫得對嗎？*

董教授告訴你

對，在月球上任何時間都可以看到星星。

Q15. *冬季時分，天上飄下了美麗的雪花。這些雪花雖然都是六角形的，但長得卻不一樣，請問你能分辨哪些雪花是從極高的天空中落下，哪些是從較低的天空中落下來的？*

董教授告訴你

結構比較複雜的雪花是從較高的空中落下的。高空中的雪花降落時還在持續結晶，利用途中遇到的水汽結成新的「分支」，所以花形比較複雜。

16. 重陽節的習俗除了登高、賞菊、插茱萸，還要喝什麼酒？

董教授告訴你

菊花酒。重陽節是揉合多種民俗爲一體的漢族傳統節日。慶祝重陽節的活動包括出遊賞景、登高遠眺、觀賞菊花、遍插茱萸、吃重陽糕等活動。農曆九月俗稱菊月，人們經常在這個時節舉辦菊花大會，大家紛紛赴會賞菊。從三國魏晉以來，重陽聚會賞菊、賦詩和飲菊花酒已成傳統風俗。

Part 3

郝博士的博學課

抗生素既能殺死細菌也能殺死病毒？

日蝕的預報可以準確到分秒不差嗎？

重金屬污染最為嚴重的食品是何者？

哪一類食品中所含的植物蛋白最豐富？

導致凍傷最主要的因素是什麼？

本篇涵蓋了各方面的科學知識，原來

科學並非永遠高深莫測，而是

貼近生活並且為生活服務的。

Q 01. *實驗品若可能產生有害物質，應佈置於機械通風或自然通風的下風處。*

對

不同性質的有害物質應彼此隔開，並且應置於工作地點的機械通風或自然通風的下風處。

Q 02. *抗生素既能殺死細菌也能殺死病毒。*

抗生素之所以能抑制或殺滅細菌，其原理是干擾並破壞細菌的新陳代謝。

但由於病毒是寄生在活細胞內的，不具備獨立的代謝功能，因此抗生素對病毒感染也就顯得無能爲力了。

Q 03. 所有的放射性現象都是人為造成的。

郝博士懂很多

錯

放射性是1896年法國物理學家貝可勒爾發現的。他發現鈾鹽能放射出令底片感光的一種不可見射線。直到今日，許多天然和人工製造的元素都會產生放射線。

Q 04. 原油顏色為黑色、墨綠色、淡藍色，但沒有無色石油。

郝博士懂很多

錯

原油的顏色非常豐富，有紅、金黃、墨綠、黑、褐紅，甚至透明。

原油的顏色其實是它本身所含膠質、瀝青質的含量，含量越高顏色越深。原油的顏色越淺油質越好，透明的原油可以直接加在汽車油箱中代替汽油！

05. 奈米是長度單位之一。

對

奈米是一種長度單位，符號爲nm。

1奈米=1毫微米=10埃（即十億分之一米），約爲10個原子的長度。假設一根頭髮的直徑爲0.05毫米，平均剖成5萬根，每根的厚度即約爲1奈米。

06. 分子是物質中能夠獨立存在並保持該物質一切化學特性的最小微粒。

單質的分子是由相同元素的原子所組成，化合物的分子則由不同元素的原子所組成。

Q 07. 日蝕的預報可以準確到分秒不差。

日蝕的預報可以準確到分秒不差，那是由於地球和月球的運動規律我們早已能充分掌握，而且月球上沒有空氣，邊緣是清楚的圓弧，它遮掩太陽表面的預測時間自然準確無誤。

Q 08. 疫苗是由病毒製成的。

對

疫苗是將病原微生物（如細菌、立克次氏體、病毒等）及其代謝產物，經過人工減毒、滅活或利用基因工程等方法製成的，用於預防傳染病。

疫苗保留了病原菌刺激動物體免疫系統的特性，當動物體接觸到這種不具傷害力的病原菌後，免疫系統便會產生一定的保護物質，當動物再次接觸到這種病原菌時，動物體的免疫系統便會依循其原有的記憶，製造更多的保護物質來阻止病原菌的傷害。

09. 溫度計的工作原理是熱脹冷縮。

對

水銀溫度計的原理很簡單——就是水銀的熱脹冷縮，至於爲何不用水呢？因爲水在攝氏4度時，不僅遇熱膨脹，遇冷也膨脹，而水銀的膨脹係數比較大，變化較明顯。

10. 孩子長得像父母是因為基因的作用。

對

假如來自父親的基因比較強，這個部位就長得像父親。細分還有「顯性基因」和「隱性基因」兩種。

11. *食用油可以用壓榨法和浸出法等方法製得。*

「壓榨法」是靠物理壓力將油脂直接從原料中分離出來，過程不涉及任何化學添加劑，保證產品安全、衛生、無污染，天然營養也不受破壞。

而「浸出法」則採用溶劑油（六號輕汽油）將油脂原料經過充分浸泡後，進行高溫提取，經過「六脫」工序（即脫脂、脫膠、脫水、脫色、脫臭、脫酸）加工而成，最大的特點是出油率高、生產成本低，這也是浸出油的價格低於壓榨油的原因之一。

12. ***蝌蚪變成青蛙時，蝌蚪的尾巴退去，是生物學上最典型的細胞凋亡現象，所以說細胞凋亡就是細胞死亡。***

到目前爲止人們已經知道細胞的死亡起碼有兩種方式，即細胞壞死與細胞凋亡。

細胞壞死是早已爲人所知的細胞死亡方式，而細胞凋亡則是近年逐漸發掘的一種細胞死亡方式。

13. 陶瓷不僅可以做碗和杯子，而且還可以用於製造汽車。

汽缸材料的重大改革是用高性能陶瓷零件逐步代替金屬零件，直至其主要零件，這就是人們說的陶瓷汽缸。高性能陶瓷有許多優於金屬的性能，例如：耐高溫、耐磨損、耐腐蝕、重量輕和隔熱性好。

這些特殊性能可使傳統發動機使用過程中，所謂熱效率低和結構複雜等許多難題得到合理的解決，並提高發動機的性能和耐久性。

14. 基因工程是改變生物體的生物性狀。

基因（Gene）是指攜帶有遺傳信息的DNA序列，是控制性狀的基本遺傳單位。基因透過指導蛋白質的合成

來表達自己所攜帶的遺傳信息，藉此控制生物個體的性狀表現。

15. 網際網路是僅次於全球電話網的第二大通信方式。

網際網路藉著通訊協定，將各種不同類型、不同規模、位於不同地理位置的物理網路連接成一個整體，架構成使用者共用的資源網。

Q 16. 牙齒和指紋一樣，都能鑑別一個人的身份。

無指紋的人極爲罕見，即使手指皮膚剝落，新長出的皮膚紋路依然不變，而且這種指紋將伴隨人終身。同樣的，牙齒對確定一個人的身份也具有很特別的作用。

牙齒不僅是人體中最堅硬的部分，比骨頭保存的時間長，而且能夠保留原來牙齒上的各種痕跡。同時，每個人的上下牙齒排列都不一樣，咬東西後留下的齒印也不相同。

17. *食物中毒是指食用了有害物質後出現的急性、傳染性疾病。*

錯

食物中毒是指人們食用了含有致病微生物的食品或含有毒性物質的食物而引起的中毒，並無傳染性。中毒者和健康人之間不會傳染。

18. *數百萬年來我們生活的大陸一直在緩慢地漂移，未來也將繼續漂移。*

幾百萬年來，大陸一直在緩慢地漂移。這種漂移把某些大陸板塊聚集在一起，又把另一些分裂開來，並一直繼續著。

19. 泡沫滅火器不能撲救帶電物體所造成的火災。

泡沫滅火器適用於撲救一般因爲油製品、油脂引起的火災，但不能撲救水溶性可燃、易燃液體的火災，如醇、酯、醚、酮等物質引起的火災，也不能撲救帶電設備所引起的火災。

20. 太陽能電池實現了將光能轉換為電能的技術。

太陽能電池又稱光電池，是一種將光能直接轉換成電能的半導體設備。

Q 21. 在月球上不能用煤氣灶煮雞蛋。

因爲月球上沒有氧氣，所以無法點燃煤氣。

Q 22. DNA是去氧核糖核酸。

郝博士懂很多

對

去氧核糖核酸（DNA），是染色體的主要化學成分，同時也是組成基因的元素。有時被稱爲「遺傳微粒」，因爲在繁殖過程中，父代把自己DNA的一部分複製傳遞到子代中，完成性狀的傳播。

Q 23. 基因組和蛋白質組是彼此對應的，一個基因對應一個蛋白質。反過來，一個蛋白質對應一個基因。

存在於細胞核裡的DNA構成了基因組。

基因組身為遺傳信息的載體，最根本的特徵就是穩定不變。然而對於蛋白質組而言，由於蛋白質是生命活動的主要執行者，不管是不同類型的細胞或不同活動狀態下的同一個細胞，其蛋白質組的種類和構成都是不一樣的。

癌症嚴重威脅著人類的健康和生命，癌症是由致癌基因的表達所引起。健康人是沒有致癌基因的。

致癌基因是英文oncogene的譯名。顧名思義，致癌基因就是會引起細胞癌變的基因。

其實，致癌基因有其正常的生物學功能，主要是刺激細胞正常的生長，以滿足細胞更新的要求。只是當致癌基因發生突變，才會在沒有接收到生長信號的情況下仍然不斷地促使細胞生長或使細胞免於死亡，最後導致細胞癌變。

換言之，在每一個正常細胞基因組裡都帶有原癌基因，但它不出現致癌活性，只是在發生突變或被異常啓動後才變成具有致癌能力的致癌基因。

Q 01. 溫室效應是地球變暖的主要原因，二氧化碳是形成溫室效應的主要化學物質。請問飛機飛行時產生的二氧化碳平均值是火車的幾倍？

A. 3 倍　　B. 6 倍

另外，一架客機從英國飛到紐約所釋放出的二氧化碳相當於家用汽車一整年所釋放的二氧化碳！

Q 02. 汽車內主要污染物為揮發性有機物，其主要來源於：

A. 皮革、塑膠、黏合劑等汽車內裝材料

B. 細菌

專家建議儘量減少汽車內的裝飾，或是使用品質有保證的內裝材料。

Q 03. 日常生活中，使用哪種電池更環保：

A. 可充電電池　　　B. 乾電池

乾電池中的錳鋅物質爲有害重金屬，萬一造成水源污染，可被植物吸收，然後藉由食物累積在人類體內，影響神經、消化、骨骼和血液系統並造成貧血。此外，錳鋅物質在人體中蓄積潛伏期長達10～30年，慢慢地可能引起高血壓、神經痛、骨質疏鬆、腎臟炎和內分泌失調等疾病。

Q 04. 剛剛使用過抗生素的牛所產出的牛奶對人體是否有影響？

A. 有影響，因為牛奶中所含的抗生素會使人產生抗藥性

B. 沒影響，因為動物用的抗生素對人類沒有消炎作用

抗生素是殺菌消炎的藥物，在人類體內同樣會殺死有益菌種，破壞人體菌種的均衡，且會產生抗藥性，對抗生素過敏者，會危及其生命，所以最好不要飲用剛剛使用過抗生素的牛所產出的牛奶。許多國家也有明文規定，乳製品產業在收取鮮奶時，禁止收取剛剛使用過抗生素的牛所產出的牛奶。

Q 05. 為減少「塑膠污染」我們應該：

A. 儘量不用或少用難以分解的塑膠包裝袋

B. 塑膠製品用完攪碎再丟掉

所謂「塑膠污染」是指用聚苯乙烯、聚丙烯、聚氯乙烯等高分子化合物製成的各類生活塑膠製品，使用後被棄置成爲固體廢物，由於隨意亂丟亂扔並且難於分解，以致城市環境嚴重污染。

Q 06. 完全不含人工化學合成物的農藥、肥料、生長激素、催熟劑、家畜禽飼料添加劑的食品是下面哪種食品：

A. 有機食品　　B. 綠色食品

有機食品在生產和加工過程中必須嚴格遵循有機食品的生產、採集、加工、包裝、儲藏、運輸標準，禁止使用化學合成的農藥、化肥、生長激素、抗生素、食品添加劑、防腐劑等人工合成的化學物質，也禁止使用基因工程技術及該技術的產物及其衍生物。

Q 07. 重金屬污染最為嚴重的食品是：

A. 蝦和貝類　　B. 豬肉

重金屬污染主要是指海洋生物通過吸附、吸收或攝食而將重金屬蓄積在體內外，並隨活動範圍，產生垂直或水平方向的遷移，或經由浮游生物、魚類等食物鍊而

逐漸擴大範圍，致使較高階海洋生物體內蓄積了高濃度的重金屬，導致危害生物本身，或由人類取食而損害人體健康。

08. 綠色消費，是一種以適度、節制消費，避免或減少環境破壞，且崇尚自然和保護生態等為特徵的新型消費行為。綠色消費比傳統消費多了哪個觀念：

A. 關心個人健康和安全　　B. 關心對環境的影響

綠色消費，就是鼓勵消費者在與自然協調發展的基礎上，從事既科學且合理的生活消費，提倡健康適度的消費心理，弘揚高尚的消費道德及行爲規範，並藉由改變消費方式來引導生產模式的重大變革，進而調整產業經濟結構，促進生態產業發展。

09. 農業用肥儘量不要選擇哪一種？

A. 化學肥料　　B. 生物肥料

生物肥料並非直接供給作物所需的營養物質，而是藉著大量活性微生物在土壤中的積極活動來提供作物營養，或是產生激素來刺激作物生長。這與其他有機肥或化肥的作用方式是不同的，這種方式對增進土壤肥沃度，提高農作物產量，改善農作物品質較具積極意義。

台灣的面積有多大？

A. 3.22萬平方公里　　B. 3.6萬平方公里

台灣島面積3.6萬平方公里，海南島面積才是3.22萬平方公里。

月亮朝著地球的部份永遠都是同一面，原因是什麼？

A. 月亮自轉與公轉的週期相同

B. 月亮自轉與公轉的速度相同

月球是地球的同步自轉衛星，換句話說月球自轉的週期與環繞地球公轉的週期是相同的，這也導致從地球上所見到的月球永遠是同一面，這又被稱爲潮汐鎖定。這種行星與衛星發展成潮汐鎖定的情況並不是唯一，冥王星的衛星也是一個同步自轉衛星。另外，潮汐鎖定也會發生在恆星與行星之間。那麼可以想見，所謂人造衛星穩定進入軌道，也是這種效應的應用。

12. 將洗手台的水放掉時，會發現水總是形成哪個方向的漩渦？

A. 順時針漩渦　　　　B. 逆時針漩渦

這是因爲地球自轉的影響。反之來到南半球的澳州，水就會形成逆時針漩渦。

13. 行星距離太陽越近的時候運轉速度會越快還是越慢？

A. 快　　　　B. 慢

克卜勒第二定律說明，在每段相同長度的時間內，行星以太陽為中心運動所掃過的面積都是相等的。所以當行星距離太陽近的時候，半徑較短，速度必須較快才能掃過同等的面積。

Q 14. 能浮在水面上的石頭，是由火山熔岩形成的？

A. 是　　　　B. 不是

火山噴發時流出了許多高溫熔岩，這些熔岩在冷卻過程中包裹了許多氣體，最後形成了火山石。由於火山石內部充滿了氣泡，所以浮力較大，不會沉入水底。目前火山石是世界上唯一能浮在水面上的石頭。

15. 南極和北極，哪裡的冰比較多？

A. 南極多　　B. 北極多

南極和北極分處地軸的兩端，而且都很寒冷。不過根據科學家們的測量得知，南極比北極的冰要多得多。南極的冰層厚度平均有1700公尺，冰層總體積有2800萬立方公里。而北極的冰層厚度一般不超過4公尺，冰層總體積只有南極的1/10而已。

16. 天然氣屬於以下哪一項？

A. 一次能源　　B. 二次能源

所謂一次能源是指直接取自大自然，不需經過加工轉換的各種能量和資源，包括：原煤、原油、天然氣、油頁岩、核能、太陽能、水力、風力、潮汐能、地熱、生物質能和海洋溫差能等。一次能源經過加工轉換以後

得到的能源產品，就被稱爲二次能源，例如：電力、蒸汽、煤氣、汽油、柴油、重油、液化石油氣、酒精、沼氣、氫氣和焦炭，等等。

Q 17. 小明的爸爸說，他已經繞太陽轉過幾十圈了，你說他的話對嗎？

A. 對　　　　B. 不對

地球每年都會繞著太陽轉一圈，所以人每年也會跟著繞太陽轉一周。

Q 18. 台灣的的海岸線長大約多少公里？

A. 1200公里　　　　B. 1900公里

台灣海岸線全長約1200公里，含澎湖群島總長約1520公里。

Q 19. 愛斯基摩人居住在北極嗎？

A. 是　　B. 不是

「愛斯基摩（Eskimos）」一詞是印第安人首先使用的，意思是「吃生肉的人」。古時候印第安人與愛斯基摩人素來不睦，因此這一名字顯然含有貶義。愛斯基摩人並不用這個名字稱呼自己，他們自稱爲「因紐特（Inuit）」或「因紐皮特」人，即愛斯基摩語中「真正的人」之意。愛斯基摩人是從亞洲經兩次大遷徙進入北極地區的。經歷了4000多年的歷史。由於氣候惡劣，環境嚴酷，他們可說是歷經千辛萬苦，才能生存繁衍至今。

Q 20. 月亮和太陽是在相同時期形成的嗎？

A. 是　　B. 不是

大約在46億年以前，太陽及其他行星形成的同時，

月亮也形成了。剛開始月亮是一個又紅又熱、充滿熔岩的岩石球，隨著溫度逐漸降低，變得越來越堅硬，最後成爲現在的樣子。

21. 石頭是由礦物構成的嗎？

A. 是　　　　　　　　B. 不是

岩石是地球表面的堅硬物質，大塊的被稱爲岩石或巨礫，小塊的則被稱石頭或卵石。岩石是由各種礦物所構成的，比如：石灰石是由方解石或碳酸鈣等礦物構成的岩石。岩石中含有多種礦物，而採礦是指將蘊含有用礦物的岩石開採出來加工，金屬就是從礦石中提煉出來的。

22. 冬至那天太陽會直射以下哪一處？

A. 南回歸線　　B. 北回歸線

12月22日前後便是冬至，是一年24個節氣的最後一個。從冬至算起，就進入一年中最寒冷的季節。

23. 在月球上用同樣的力道跳高，會比在地球上跳得高或低？

A. 高　　B. 低

月球的引力只有地球的1/6，因此人在月球上受到的引力也就小得多。如果忽略其他因素不計，太空人在地球上跳一公尺高的力度，在月球上就能跳6公尺高。

Q 01. 世界上最典型的不成文憲法是以下哪一項？

A. 英國憲法　　B. 美國 1787 年憲法　　C. 法國憲法

美國1787年憲法是世界上最早的成文憲法。而法國憲法是世界上變動次數最多的憲法。

Q 02. 要消除疲勞可多吃下列哪一類食品？

A. 酸性　　B. 鹼性　　C. 中性

人體是一個酸鹼平衡的有機體，經過緊張的勞動和鍛鍊後，體內的醣、脂肪和蛋白質大量分解，在分解過程中產生乳酸、磷酸等酸性物質，積聚在人體肌肉和器

官中，這些酸性物質刺激人體組織和器官，使人感到肌肉、關節酸痛和精神疲勞。此時多吃鹼性食物，如：蔬菜、水果、豆類、海帶、牛奶、茶等，可中和體內的酸性物質，以保持酸鹼平衡，同時消除疲勞。

古語云：「種瓜得瓜，種豆得豆」，子女長得與父母相似，乃是生物界的遺傳現象。性別在自然情況下，也是因為遺傳的關係。那麼生男還是生女主要是由哪一方決定的。

A. 父親　　B. 母親　　C. 父母各占一半比例

A

生男生女是由父親所決定的。再仔細分析，性別是由精子以及卵子中的染色體所決定。男性精子所攜帶的染色體有X以及Y兩種，而女性的卵子只能攜帶X染色體。因此男女雙方結合後，到底會生兒還是育女，端看精子和卵子結合的結果。X染色體和X染色體結合，形成XX受精卵，生下來的就會是女孩；假如Y染色體與X染色體結合，形成XY受精卵，生下的便是男孩子。由於Y染色體只有男性才有，因此生男生女主要是由父親那一方決定。

Q 04. 初生嬰兒的肺是粉紅色的，而吸菸者的肺是什麼顏色？

A. 灰色　　B. 深紅色　　C. 黑色

香菸中含有許多有害物質，會對呼吸道細胞產生毒性和腐蝕作用，可使氣管纖毛受到損傷而變短、變形，導致肺內分泌物無法排除，因此就容易得到氣管炎、肺氣腫之類的疾病。在開胸手術中可以看到不吸菸的人，肺部顏色紅潤彈性好，而吸菸者的肺卻變成了黑黃色，並且彈性很差。

Q 05. 「亞健康」多半發生在以下哪一群人身上？

A. 經常處於緊張工作和超強精神壓力下的腦力勞動者
B. 吸菸、酗酒、不健康飲食、缺乏運動、心理孤僻者
C. A+B

調查顯示，造成亞健康狀態的因素依次如下：

精神壓力大（61.76%）；

過度使用腦力（47.31%）；

人際關係緊張（36.79%）；

過度使用體力（32.97%）；

工作不順利（30.08%）；

待業（26.30%）；

工作內容單調（22.27%）；

求勝心切（17.86%）。

如果能在這些方面多加注意，適時調整自己的工作節奏，避免過度使用腦力或體力，培養對工作的興趣，積極並樂觀地面對待業生活，就能導正亞健康狀態了。

06. 女人為什麼比男人更容易哭？

A. 體內所含的荷爾蒙激素不同

B. 女人比男人更感性

C. 雌性激素的作用

美國學者研究後發現，人們在情緒壓抑時，會產生某些對人體有害的生物活性成分。若是哭泣之後，情緒強度便可減低約40%，而對於不愛哭泣的人來說，無法利用眼淚消除情緒壓力的結果便是影響身體健康，促使

某些疾病惡化，比如：結腸炎、胃潰瘍等疾病就與情緒壓抑有關。

Q 07. 從營養角度來考量，下列哪一項做法是正確的？

A. 反覆洗米　　B. 蔬菜先洗後切　　C. 煮粥加鹼

新鮮蔬菜是人類攝取維生素C的主要來源。但維生素C屬於水溶性維生素，很容易溶解於水中。所以應該把整棵菜或整片菜葉用清水洗淨後再切，這樣就可減少維生素C和其他水溶性維生素的損失。反之，先切後洗的方式大大增加了蔬菜損傷面與水的接觸，必然導致維生素C的大量流失。故蔬菜應先洗後切。

Q 08. 醫療檢查報告上所謂的「HB」是指以下哪一項？

A. 血紅蛋白　　B. 紅血球　　C. 白血球

血紅蛋白是紅血球的主要成分，其功能是在肺部結合氧氣。紅血球與血紅蛋白之間的關係非常密切，臨床意義基本上是相同的，但血紅蛋白更能反映出貧血的程度。該指標正常參考值爲：男性120～160克/升，女性110～150克/升。通常，紅血球用RBC代表，白血球用WBC代表。

Q 09. 以下哪一類食品中所含的植物蛋白最豐富？

A. 米、麵　　B. 蔬菜　　C. 黃豆

黃豆是含蛋白質含最豐富的植物性食物，其蛋白質的品質和蛋、奶食物所含的蛋白質相似，含量也超過肉

類和蛋類，約等於牛肉的兩倍，雞蛋的兩倍半。因此科學家將黃豆稱爲蛋白質倉庫。

Q 10. 導致凍傷最主要的因素是什麼？

A. 衣服穿太少　　B. 低温　　C. 潮濕

B

凍傷是因爲運動量不足、局部皮膚潮濕、受壓、氣溫冷暖突變等因素所引發的。預防凍傷最好的方法是：固定運動，改善全身血液循環，提高抗寒能力及身體的抵抗力。堅持用冷水洗手、洗臉、洗腳或進行冷水浴，都可明顯改善血液循環，提高抗寒能力。

Q 11. 維生素C主要存在於下列哪些食品中？

A. 精米、精麵
B. 肉、蛋、奶
C. 新鮮水果、蔬菜

C

維生素C主要存在於水果和新鮮蔬菜中，是人體代謝過程必不可少的重要物質，能增加毛細血管的緻密性，降低其通透性和脆性，增加身體對感染的抵抗力，使皮膚經常保持彈性，並促進損傷皮膚的康復。缺乏維生素C會導致皮膚和齒齦容易出血。

12. 以下三個人體部位中，最早衰老的部位是哪裡？

A. 面部　B. 頭髮　C. 骨骼

醫學實驗證明，人在20歲左右，就開始出現骨骼衰老的跡象。

13. 人類的面部表情肌總共有42條，微笑時最先啟動的肌肉有幾條？

A. 2 塊　B. 4 塊　C. 6 塊

當人類微笑時，最先啓動的是兩塊「笑肌」，分別

分佈在嘴部兩側，左右面頰各一塊。隨著笑容幅度的增強，幾乎所有的表情肌都會參與動作，甚至頜肌、頸部等其他部位的幾十塊肌肉都會牽動。

14. 被蚊子叮咬後皮膚發癢是因為什麼緣故？

A. 叮咬破皮的關係

B. 吸血的結果

C. 蚊子唾液作用的結果

蚊子在叮咬時唾液既是潤滑劑，又是麻醉劑。蚊子唾液裡含有抗凝血成分，而人體會對此成分產生反應，因而感到癢癢的。

15. 睡眠最好的姿勢應該朝哪個方向？

A. 朝向右側　　B. 朝向左側　　C. 平躺

中醫學認為：正確的睡覺姿勢應該是向右側臥，微屈雙腿。這樣一來，心臟處於高位，不受壓迫；肝臟處於低位，供血較好，有利新陳代謝；胃內食物借重力作用，朝十二指腸推進，可促進消化吸收。同時全身也處於放鬆狀態，呼吸均勻，心跳減慢，大腦、心、肺、胃腸、肌肉、骨骼都能得到充分的休息和氧氣供給。

16. 哪個人體系統對酒精最敏感？

A. 呼吸系統　　B. 神經系統　　C. 消化系統

酒醉後最先出現的反應是愉悅和興奮感，談話滔滔不絕、行為失控、易怒、易喜、易悲、易感情用事等，這些都是神經系統對酒精刺激的反應。

17. 人在一天之中身高最高是什麼時候？

A. 早上最高　　B. 中午最高　　C. 晚上最高

這個現象與關節和韌帶有關。脊椎骨之間都有椎間盤互相聯結，椎間盤富有彈性，形態可隨著壓力變化而不同：受力時被壓扁，除去壓力又可恢復原狀。因爲這些特點，當人體經過一天的勞動或長時間站立、行走之後，椎間盤因受壓而變扁，整個脊柱的長度縮短，身高就會降低一點。經過一整夜的睡眠，椎間盤便會恢復原狀，所以有「早高晚矮」的有趣現象。

18. 胡蘿蔔富含下列哪種維生素，烹調時必須和食用油或肉類一起煮，才能充分被人體吸收。所以胡蘿蔔不適合生吃。

A. 維生素 A　　B. 維生素 B 群　　C. 維生素 C

胡蘿蔔除了含有較多的鉀、鈣、磷、鐵等礦物質外，

更主要的是含有豐富的胡蘿蔔素。胡蘿蔔素可被小腸壁轉變爲維生素A，對於用眼過度和經常熬夜的人來說，能達到緩解疲勞的作用。

19. *最能反映人體體溫的是以下哪一項？*

A. 腋窩溫度　　B. 口腔溫度　　C. 直腸溫度

直腸溫度爲37.5℃，最接近人體深部的溫度。

20. *「早餐吃得好，午餐吃得飽，晚餐吃得少」，這是一日三餐最科學的安排方式，一般而言，三餐的營養分配以下列哪一項比例最合理？*

A. 4：3：3　　B. 3：3：4　　C. 3：4：3

一般而言三餐的營養分配以3：4：3的比例較合理，如果三餐合併爲兩餐，那就等於將一整天所需的食物強

加於兩餐之中，可能導致胃的負擔加重，消化液分泌供不應求，引起消化不良。

21. 下列哪些是中暑的先兆？

A. 出汗、口渴、頭昏

B. 胸悶、噁心、全身無力

C. A+B

中暑是在高溫和熱輻射的長時間作用下，體溫調節出現障礙、水及電解質代謝紊亂以及神經系統功能出現障礙。顱腦疾患者、老弱及產婦耐熱能力較差者，尤易發生中暑。

22. 以下哪些食品是含鐵比較豐富的食品？

A. 大白菜、蘿蔔

B. 魚、蝦類

C. 動物肝臟、乳製品

動物血、動物肝臟、肉類、乳製品、蔬菜、蝦類、蛋黃、黑木耳、海帶、芝麻、大瓜子、芹菜、莧菜、菠菜、茄子、小米、櫻桃、紅棗、紫葡萄等含鐵都比較豐富。

23. 當你咀嚼餅乾時，別人和自己，誰聽到的聲音大？

A. 自己　B. 別人　C. 一樣大

人接收到的外界聲音是由耳朵感受的，而自己的聲音則是經由顱骨將聲帶的振動直接傳給聽覺神經，經大腦加工後形成的。因此嚼餅乾時，自己會覺得聲音很大，但旁人只能聽到輕微的聲音。貝多芬晚年失聰後，利用將硬棒一端抵在鋼琴蓋板上，另一端咬在牙齒中間，靠硬棒來聽，也是利用這個道理。

Q 24. 人體最大的細胞是以下哪一項？

A. 淋巴細胞　　B. 腦細胞　　C. 卵細胞

人體最大的細胞是卵子，成熟的卵子呈圓球形，直徑約0.2～0.5公厘。其次是神經細胞。

Q 25. 青椒營養價值高，富含維生素B群、維生素C、胡蘿蔔素，具有促進消化、脂肪代謝等功效，尤其是哪一種維生素的含量是草莓和柑橘的2～3倍。

A. 維生素 C　　B. 維生素 B 群　　C. 維生素 C

青椒的維生素C含量是草莓和柑橘的2～3倍，是番茄含量的7～15倍，在蔬菜中占首位。

Q 26. 負責製造血液的是哪個器官？

A. 血管　　B. 骨髓　　C. 心臟

骨髓是造血器官，又是生成B細胞的中樞淋巴器官。在胚胎及嬰幼兒時期，所有骨髓均有造血功能，由於含有豐富的血液，肉眼觀呈紅色，故又名紅骨髓。約從六歲起，長骨骨髓腔內的骨髓逐漸爲脂肪組織所代替，轉爲黃紅色且失去造血功能，便被稱爲黃骨髓。成人的紅骨髓僅存於骨鬆質的網眼內。

Q 27. 人體消化道中最長的器官是哪一項？

A. 大腸　　B. 小腸　　C. 胃

B

小腸的長度占整個胃腸道的75%，總長度約有4～6公尺。小腸是食物消化吸收的主要場所，盤曲於腹腔內，上連胃幽門，下接盲腸，全長約3～5公尺，分為十二指腸、空腸和迴腸三個部分。

Q 28. 黃麴毒素是一種致癌物，主要存在於什麼食品中？

A. 肉類食品　　B. 海產食品　　C. 霉變食品

C

黃麴毒素是目前發現的化學致癌物中最強的物質之一，主要存在於被黃麴毒素污染過的糧食、油及其製品中。例如：花生、花生油、玉米、小麥、棉子中最爲常見。在乾果類食品如：胡桃、杏仁、榛子、乾辣椒中。

在動物性食品如：肝、鹹魚中以及在乳製品中也曾發現過黃麴毒素。

29. 人體最堅硬的物質是哪一項？

A. 琺瑯質　　B. 骨骼　　C. 指甲

琺瑯質是人體內最堅硬的組織，覆於牙冠的全部或部分表面，主要是含鈣的磷灰石及磷酚鹽組成。

30. 人的唾液pH質為何？

A. 弱酸性　　B. 弱鹼性　　C. 中性

一般情況下，唾液的pH質是鹼性的，約在7.2左右。但不同人的唾液pH質略有不同。不過總體上來看，人體是偏鹼性的，因為流經全身的血液也呈現弱鹼性。唾液的弱鹼性可中和口腔中的酸性產物，產生保護牙齒的作用。

Q 31. 不能用閃光燈為嬰兒拍照是為了保護嬰兒的哪裡？

A. 視網膜　　B. 神經系統　　C. 髮根

初生嬰兒全身的器官組織尚未發育完全，正處於不穩定狀態。在視網膜上的視覺細胞功能尚未穩定之前，強烈的閃光對視覺細胞易產生衝擊或損傷，因而影響孩子的視覺能力。這種損傷和照相機的閃光燈距離有關，照相機離眼睛的距離越近，損傷也越大。

Q 01. 世界大學生運動會每幾年舉辦一次。

A. 4年　　B. 2年　　C. 3年　　D. 5年

1957年，爲了慶祝法國全國學聯成立50周年，在巴黎舉行了國際性的大學生運動會和國際文化聯歡節。經與會30個國家的代表一致同意，決定以後定期舉辦世界性的大學生體育比賽，定名爲「世界大學生運動會」，原則上每兩年舉行一次。

Q 02. 自由式摔跤的規則中，哪個部位著地算輸？

A. 頭部　　B. 背部　　C. 臀部　　D. 肩部

自由式摔跤以運動員肩部著地算輸。

Q 03. 人們透過參加體育活動，不僅能夠鍛鍊身體，還能磨練意志、增進友誼。體育的起源是以下哪一項？

A. 勞動　B. 競技　C. 巫術　D. 遊戲

在上古時代，人們爲了獲得生活必須品，在和大自然及野獸的鬥爭中，每天都必須奔跑相當遠的距離，跳過各種障礙。因每天都必須重複這樣的勞動，而逐漸發展出體育運動。所以說體育起源於勞動。

Q 04. 下列哪一項不是國際象棋手的正式等級名稱？

A. 特級大師　B. 國際大師

C. 國內大師　D. 棋聯大師

國際象棋手劃分爲三個等級，從高到低依次爲特級大師、國際大師和棋聯大師。等級的判定，乃是根據棋

手在國際棋聯規定的比賽中所獲成績折算，並依此劃分成不同等級。

05. 跳水姿勢共分了幾種？

A. 2種　　B. 4種　　C. 6種　　D. 8種

現代跳水運動始於20世紀。1900年瑞典運動員在第2屆奧運會上表演了跳水，1904年這個項目成爲奧運會的比賽項目。根據跳水的空中姿勢，分爲直體、屈體、抱膝、翻騰兼轉體4種。

06. 在國際游泳比賽中，比賽期間水溫必須至少為攝氏幾度？

A. 19℃　　B. 20℃　　C. 21℃　　D. 24℃

大致而言，水溫較高時人體的浮力較小，同時水分子間的相互摩擦也較小。所以在水溫爲25℃時出現的內

摩擦，會比水溫爲10℃時的內摩擦小30%。較高的水溫雖有助於取得較好的比賽成績，但在水溫爲24℃至28℃時，摩擦力減小的作用會被相對應的密度作用抵消。因此在國際比賽中，規定24℃的水溫是舉行比賽時較好的水溫。

07. 日本相撲比賽之前，相撲運動員通常要在場地上撒什麼東西？

A. 水　B. 鹽　C. 香粉　D. 麵粉

相撲是日本的「國技」，賽前要抓些鹽撒在賽場上，以保持場地清潔，皮膚擦傷也較不易感染，同時也有祭祀天地、祈求安全的意思。

08. 「更快、更高、更強」是哪一個運動會的格言？

A. 奧運會　　B. 亞運會

C. 殘運會　　D. 大學生運動會

奧林匹克的格言是：「更快、更高、更強。」亦稱奧林匹克座右銘或口號，是於1895年提出，並於1913年獲得國際奧會正式批准，成爲奧運會格言。

09. 首屆奧運會上，按照古老傳統向獲勝的運動員獻花環，請問冠軍的花環是用什麼所編製的？

A. 橄欖枝　　B. 橄欖葉　　C. 棕櫚葉　　D. 樹枝

橄欖枝象徵和平。在古代奧運會舉行時，橄欖枝所編成的花環是獻給運動員的最高獎賞。

Q10. 拳擊比賽一個回合是幾分鐘？

A. 2分鐘　　B. 3分鐘　　C. 5分鐘　　D. 10分鐘

博士懂很多

業餘拳擊賽共有3個回合，職業拳擊賽有8～15個回合。每個回合都是3分鐘，每回合間休息1分鐘。

Q11. 鐵人三項運動於1978年誕生於美國夏威夷，比賽內容要求運動員必須連續完成長距離游泳、自行車越野和以下哪個項目？

A. 長途越野跑步　　B. 征服 4000 公尺高山

C. 萬米競走　　D. 千米跨欄

博士懂很多

鐵人三項是體育運動項目之一，屬於新興的綜合性運動競賽。比賽由天然水域游泳、公路自行車、公路長跑等，三個項目按順序組成，運動員必須一鼓作氣賽完全程。鐵人三項運動是一項培養參賽者戰勝自我的鐵人精神，是一項能夠充分鍛鍊體能、技術、意志的比賽。

我們在電視上經常看到日本的相撲比賽，胖嘟嘟的相撲運動員一起角力很有趣。請問相撲最早起源於哪一個國家？

A. 印度　　B. 朝鮮　　C. 中國　　D. 阿拉伯

相撲運動是中國傳統的體育項目，古稱「角抵」，在唐朝時始傳入日本。

有「陸地衝浪」運動之稱的是以下哪一項？

A. 滑雪　　B. 輪滑　　C. 滑板　　D. 體操

滑板運動是衝浪運動在陸地上的延伸。後者受地理和氣候條件的限制比較多，而前者則有更大的自由。

14. *象棋的棋盤共有多少個交叉點？*

A. 75　　B. 80　　C. 90　　D. 100

象棋的棋盤由九道直線和十道橫線交叉組成，棋盤上共有九十個交叉點，象棋子就擺在這些交叉點上。

15. *奧運會的五色環是奧林匹克運動的代表性標誌，分別用藍、黑、紅、黃、綠五種顏色的環代表五大洲。請問天藍色代表的是哪個州？*

A. 歐洲　　B. 澳洲　　C. 美洲　　D. 非洲

澳洲的代表色是綠色，美洲的代表色是紅色，非洲的代表色是黑色，亞洲的代表色是黃色。

16. 任何一支足球隊在比賽過程中，只要人數少於幾名，該場比賽就會被視為無效？

A. 5　　B. 6　　C. 7　　D. 8

每場足球比賽應有兩支隊伍參加，每隊上場隊員不得多於11名，其中必須有一名守門員。如果任何一隊少於7人，比賽就不能進行。

17. 踢踏舞最初的舞鞋是什麼材質？

A. 木製的　　B. 皮革的　　C. 棉布的　　D. 金屬的

踢踏舞最初的舞鞋是木鞋。

Q 18. 足球比賽採用單迴圈制時，勝一場的得分是多少？

A. 一分　　B. 二分　　C. 三分　　D. 四分

C

足球比賽的記分規則為：勝一場得3分，平一場得1分，輸一場得0分。

Q 19. 奧運會的第一隻吉祥物是：

A. 狗　　B. 貓　　C. 鴿子　　D. 羊

夏季奧運會一直被認為是世界上水準最高、規模最大、參賽人數最多的運動盛會，所以儘管第一隻吉祥物是出現在1968年法國的葛藍諾布冬運會，但是習慣上，人們還是認定在1972年慕尼黑奧運會上出現的五彩狗「瓦爾第」為歷史上第一隻吉祥物。

20. 保齡球比賽滿分為多少分？

A. 100分　B. 200分　C. 300分　D. 400分

保齡球球道終端設有10個木瓶，如果一擊全中則得10分，可加擊兩次，10輪爲一局。所以保齡球每局最高分爲300分。

21. 以下哪一種益智玩具被外國人稱為「唐圖」？

A. 七巧板　B. 益智圖　C. 積木　D. 華容道

這是一種拼板玩具，它是將一塊正方形紙板分成7塊，這七塊小板便可拼出各式各樣的圖形。據說18世紀末時，拿破崙一世就很喜歡玩七巧板，西方國家又稱七巧板爲「唐圖」。直至1878年，有人將七巧板增加爲15塊，稱爲「益智圖」，又稱「十五巧」。

Q 22. 跑和走是人類最經常進行的活動，嚴格來說，兩者的區別在什麼地方？

A. 跑的速度快　B. 跑的運動幅度大

C. 跑起來有騰空階段　D. 跑動時身體前傾

正常行走時，雙腳是不會同時離開地面的，而跑的動作雙腳卻必須離開地面。

Q 23. 古奧運會創始於哪一個國家？

A. 希臘　B. 印度　C. 巴西　D. 埃及

古代奧運會創始於古希臘的伊利斯，它是古希臘的城邦，奧林匹亞就位於伊利斯境內。

Q 24. 游泳比賽總共有多少種游泳姿勢？

A. 2種　B. 4種　C. 5種　D. 6種

郝博士懂很多

C

國際比賽項目中，游泳共有五項：自由式、蛙式、蝶式、仰式、個人混合式。

Q 25. 歷史上第一次由兩個國家聯合舉辦世界盃的是哪兩國？

A. 中國和日本　B. 日本和韓國

C. 中國和韓國　D. 德國和英國

第十七屆世界盃於2002年在韓國和日本舉行，這是世界盃第一次來到亞洲，也是世界盃第一次由兩個國家聯合舉辦。結果兩個地主隊都取得了歷史性的突破，日本隊殺入16強，韓國隊更是一路出人意料地擊敗葡萄牙、義大利、西班牙，成為世界盃四強，創造了奇績。

Q 26. 舉重運動員在進行比賽時為什麼總會在手上搓白粉？

A. 使手變得粗糙　　B. 吸收手上的汗

C. 刺激肌肉　　D. 保護皮膚

這種白粉叫碳酸鎂粉。它具有很好的吸濕性，可以吸取手上的汗，增加手掌與器材之間的摩擦係數，保障運動員比賽時，手不會打滑，同時也有保護作用。

Q 27. 男子田徑全能運動總共有多少項目？

A. 5項　　B. 10項　　C. 12項　　D. 15項

十項全能是男子田徑運動的綜合比賽項目，其中包括4項田徑賽、3項跳躍、3項投擲，總共十種。分兩天進行比賽，依次爲第一天100公尺賽跑、跳遠、擲鉛球、跳高和400公尺；第二天110公尺跨欄、鐵餅、撐竿跳高、標槍和1500公尺。

Q 28. *觀看足球比賽時，裁判總是在場內跑來跑去。為了使裁判在場內與運動員有所區別，請問足球裁判穿的是什麼顏色的衣服？*

A. 黑衣　B. 白色　C. 紅色　D. 黃色

1878年以前，足球裁判並不像現在這樣在場內跑來跑去，而是坐在看台上進行裁判。但由於足球場地大，坐在看台上不可能發現所有犯規情況，後來便決定讓裁判到場內進行判決。爲了容易區別裁判與運動員，足球裁判必須身穿黑色服裝，據說這是因爲黑色代表嚴肅和莊重。國外的法官一般都穿黑色制服，所以人們也尊稱足球裁判是「黑衣法官」。

29. 體操分幾種比賽類別？

A. 2種　B. 3種　C. 4種　D. 5種

郝博士懂很多

體操分個人和團體兩種比賽。

30. 乒乓球起源於哪一個國家？

A. 韓國　B. 日本　C. 俄羅斯　D. 英國

乒乓球起源於英國，歐洲人至今把乒乓球稱爲「桌上的網球」。由此可知，乒乓球是由網球運動發展而來。19世紀末時，歐洲盛行網球運動，但由於場地和天氣的限制，英國有些大學生便把網球移到室內，以餐桌爲球場，書做球網，用羊皮紙做球拍，在餐桌上打來打去。

Q 31. 「留學生」一詞是由哪國人創造的？

A. 中國人　　B. 法國人
C. 美國人　　D. 日本人

D

唐朝時日本政府多次派遣唐使至中國吸取中華文化，但因為遣唐使是外交使節必須回國，於是日本政府從第二次派遣唐使起，便同時派遣「留學生」和「還學生」，「留學生」指的是遣唐使回國後仍留在中國學習的學生，「還學生」則會在遣唐使回國時一起回國。

Q 32. 高跟鞋是由誰發明的？

A. 一個不放心自己妻子的威尼斯商人
B. 一個愛出風頭的美國女子
C. 一個淘氣的十來歲的法國小男孩
D. 一個腿腳不便的英國老人

A

15世紀時一位威尼斯商人老是擔心他不在家時，漂亮的妻子會到處亂跑招蜂引蝶。於是為妻子訂做了一雙後跟很高的鞋，以為這樣一來妻子就不容易成天往外跑。可是當他妻子穿上這雙鞋後，不僅沒有感到有什麼不舒服，反而覺得十分有趣，決定穿上這雙鞋四處遊玩。

行人見了都覺得她的鞋太美了，於是爭相效仿，「高跟鞋」很快就流行開來了。

33. 古代七步成詩的是曹子建、五步成詩的是史青，那麼三步成詩的人是：

A. 寇准　B. 文天祥　C. 李白　D. 孔融

相傳寇准從小天資聰敏，七歲即能詩，人稱「神童」。

一天寇父大宴賓客，客人說：「我們這兒離西嶽華山不遠，就以華山為題，作一首《詠華山》詩吧。」寇准在客前踱步思索，剛邁出第三步，一首五言絕句隨口而出：「只有天在上，更無山與齊；舉頭紅日近，回頭白雲低。」寥寥數語，道出西嶽華山的雄偉峭拔之姿。舉座聞之，無不嘆服。

Q 34. 「芭蕾」是從哪個國家傳進的外來語？

A. 法國　B. 英國　C. 德國　D. 美國

芭蕾（Ballet）一詞源自義大利語的Ballare（即跳舞）和古拉丁語的Ballo，最後用法語的Ballet確定下來，一直沿用至今。

Q 35. 用「桃李」比喻學生是從什麼時候開始的？

A. 春秋　B. 戰國　C. 唐代　D. 清代

漢朝《韓詩外傳》載，春秋時魏國有個叫子質的大臣，他得勢時曾保薦過許多人，丟官後隻身跑到北方，竟沒有一個人幫他。

簡子勸慰他說：「春天種了桃樹、李樹，夏天可以在樹蔭下納涼，秋天還可以吃到可口的果實。可是如果種的是蒺藜，到夏天不但不能利用它的葉子乘涼，它還會長出刺來。所以君子培養人才就像種樹一樣，應先找好對象然後再培植啊！」

因此後人就用「桃李」比喻資質值得培養的人，如今則泛指學生。

36. *結識新朋友時彼此習慣互相握手表示禮貌，那麼握手禮最早是為了什麼原因形成的呢？*

A. 表示信任　　B. 統計人數

C. 沒有敵意　　D. 擦掉髒東西

古代人們以打獵爲生，碰到不認識的人就趕緊丟掉手中用來打獵的石塊並攤開手掌讓對方看看，表示手裡沒有石塊。後來這種禮節就慢慢變成握手禮了。

Q 01. *大氣層中哪一種氣體最多？*

氮氣。

Q 02. *植物的葉片是用來進行光合作用的器官，請問光合作用的基本條件是什麼？*

二氧化碳、水和光。

Q 03. *什麼是「複製」（Clone）？*

「複製」（Clone）本意是無性繁殖，就是利用生物技術複製出與原生物完全一樣的副本。

Q 04. 白熾燈、日光燈和霓虹燈，哪種是沒有燈絲的？哪種燈是靠燈絲直接發光的？

霓虹燈沒有燈絲，白熾燈靠燈絲直接發光。

Q 05. 為什麼「紅色」會被用來警告危險？

紅色光源光波最長，最具有穿透力，在同樣的天氣條件下傳播的距離最遠。

Q 06. 清潔劑一般分為哪幾種？

清潔劑一般分爲三種。

第一種是含氧清潔劑，用於清潔餐具和蔬果；

第二種是含氯清潔劑，主要用於衣服的漂白和瓷磚、排水管的清潔；

第三種是以鹽酸爲主要成分的含酸清潔劑，多用於浴室除垢和清潔。

07. 大氣污染源主要有幾種？

主要有三種，一是生活污染，如：城鄉居民取暖、煮飯所消耗的各種燃料，或是電器用品向大氣層排放的污染物；二是工業污染，如：工業生產所用燃料廢棄物；三是交通污染，如：各種交通運輸工具所排放的污染。

08. 生物性污染主要是指由什麼所引起的疾病和食物中毒？

細菌和病毒

09. 物理性污染指的是什麼？

物理性污染乃是指放射性污染。

Q 10. 什麼是水污染？

排放進入江河湖海等水體的污染物，當排放量超過水體自淨能力，導致水質逐漸變壞，就會構成水污染。

Q 11. 為什麼不能用印刷品來包裹食品？

印刷品的油墨中除了含有毒性很強的多氯聯苯以外，還含有重金屬鉛。

Q 12. 化學性污染是指什麼性質的污染？

指濫用高毒性、高殘留性的農藥和化學肥料，或濫用生長激素、抗生素和飼料添加劑，或是重金屬所造成的污染。

13. 被稱為「地球之腎」的生態系統是什麼？

濕地或沼澤。

14. 星星真的會眨眼睛嗎？

不會，那是空氣折射的關係。地球周圍包圍著一層厚厚的空氣，熱空氣不停地上升，冷空氣不停地下降，所以我們肉眼看星星時，動盪不定的空氣使我們覺得星星在不停地晃動，就好像在眨眼睛。如果空氣中水汽含量增多，會更加影響光線的直線傳播，這時星星會閃爍得更厲害。

15. 「大陸棚」是什麼？

大陸在海底的延伸。

Q 16. *根據克卜勒發現的行星運行定律，行星繞太陽一周的時間，與行星與太陽之間的距離有關嗎？*

有關。行星繞太陽一周的時間平方與行星距太陽距離的立方成正比。

Q 17. *太陽系的九大行星中，離太陽最近和最遠的分別是什麼星？*

分別是水星和冥王星。按照距離太陽從近到遠，依次排列是：水星、金星、地球、火星、木星、土星、天王星、海王星、冥王星。

※為保障您的權益，每一項資料請務必確實填寫，謝謝！

姓名		性別	□男　□女
生日	年　月　日	年齡	
住宅地址	郵遞區號□□□		
行動電話		E-mail	

學歷

□國小　□國中　□高中、高職　□專科、大學以上　□其他＿＿＿＿

職業

□學生　□軍　□公　□教　□工　□商　□金融業
□資訊業　□服務業　□傳播業　□出版業　□自由業　□其他＿＿＿＿

謝謝您購買 知識盲裝會指南：你不知道的超有趣問答 與我們一起分享讀完本書後的心得。務必留下您的基本資料及電子信箱，使用我們準備的免郵回函寄回，我們每月將抽出一百名回函讀者，寄出精美禮物以及享有生日當月購書優惠！想知道更多更即時的消息，歡迎加入"永續圖書粉絲團"
您也可以使用以下傳真電話或是掃描圖檔寄回本公司電子信箱，謝謝！

傳真電話：（02）8647-3660　　電子信箱：yungjiuh@ms45.hinet.net

●請針對下列各項目為本書打分數，由高至低5～1分。

	5 4 3 2 1		5 4 3 2 1
1. 內容題材	□□□□□	2. 編排設計	□□□□□
3. 封面設計	□□□□□	4. 文字品質	□□□□□
5. 圖片品質	□□□□□	6. 裝訂印刷	□□□□□

●您購買此書的地點及店名＿＿＿＿＿＿＿＿

●您為何會購買本書？
□被文案吸引　□喜歡封面設計　□親友推薦　□喜歡作者
□網站介紹　□其他＿＿＿＿＿＿＿＿

●您認為什麼因素會影響您購買書籍的慾望？
□價格，並且合理定價是＿＿＿＿＿　□內容文字有足夠吸引力
□作者的知名度　□是否為暢銷書籍　□封面設計、插、漫畫

●請寫下您對編輯部的期望及建議：

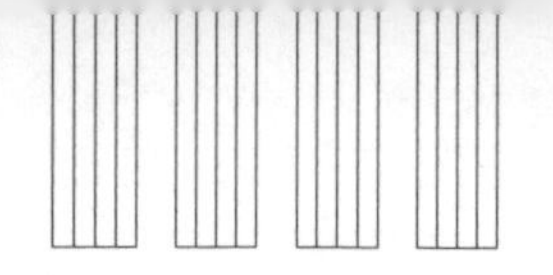

廣　告　回　信
基隆郵局登記證
基隆廣字第200132號

2 2 1 - 0 3

新北市汐止區大同路三段194號9樓之

傳真電話：（02）8647-3660

E-mail：yungjiuh@ms45.hinet.net

培育

文化事業有限公司

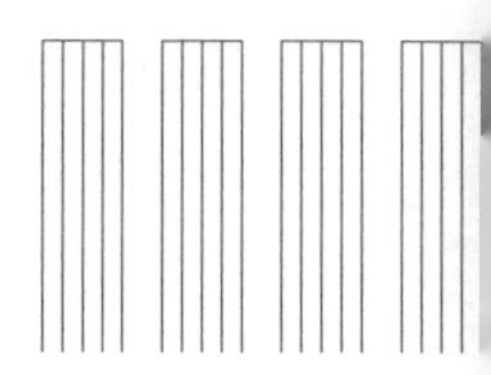

讀者專用回函

知識盲裝會指南：你不知道的超有趣問答

培 養 文 化 育 智 心 靈 的 好 選 擇